21世纪计算机科学与技术实践型教程

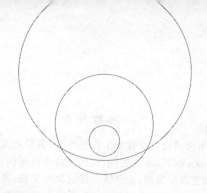

施莹 茹志鹃 徐建华 主编

网站建设与网页设计项目化教程

U0289877

清华大学出版社

北京

内 容 简 介

本书是作者根据多年从事网站设计及教学工作的经验,其特色是以网页制作主流的软件——网页三剑客 Dreamweaver、Fireworks 和 Flash 为主线,对网页设计与制作技术进行了全面深入的讲解,将网页制作技术适当分层编写,精选教学案例,做到既有理论又有实践,采用"知识点+实例操作"的结构来讲解。本书实用性强、知识点新、层次清楚、由浅入深、循序渐进,所选的案例均是实战中的典型案例,便于读者学习和应用,并真正达到举一反三。全书贯穿了不同行业的多种实例,各实例均经过精心设计,操作步骤清晰简明,技术分析深入浅出,实例效果精美,还精心配备了 PPT 电子课件、教学视频,便于老师课堂教学和学生把握知识要点。

本教材浅显易懂,实践性与指导性较强,特别适合网页设计与制作的初级用户,可作为高中起点本科或大专院校计算机专业学生的教材,也可作为相关领域人员的网页设计入门学习用书或参考书。

图书在版编目(CIP)数据

网站建设与网页设计项目化教程/施莹,茹志鹃,徐建华主编.—北京:清华大学出版社,2017(2023.4重印)

(21世纪计算机科学与技术实践型教程)

ISBN 978-7-302-44691-0

Ⅰ.①网…　Ⅱ.①施…②茹…③徐…　Ⅲ.①网站-建设-高等学校-教材 ②网页制作工具-高等学校-教材　Ⅳ.①TP393.092

中国版本图书馆 CIP 数据核字(2016)第 184634 号

责任编辑:谢　琛　薛　阳
封面设计:何凤霞
责任校对:时翠兰
责任印制:宋　林

出版发行:清华大学出版社
　　　　网　　址:http://www.tup.com.cn,http://www.wqbook.com
　　　　地　　址:北京清华大学学研大厦 A 座　　　　　邮　　编:100084
　　　　社 总 机:010-83470000　　　　　　　　　　　　邮　　购:010-62786544
　　　　投稿与读者服务:010-62776969,c-service@tup.tsinghua.edu.cn
　　　　质量反馈:010-62772015,zhiliang@tup.tsinghua.edu.cn
　　　　课件下载:http://www.tup.com.cn,010-83470236
印 装 者:北京鑫海金澳胶印有限公司
经　　销:全国新华书店
开　　本:185mm×260mm　　　印　　张:13.5　　　字　　数:311 千字
版　　次:2017 年 2 月第 1 版　　　　　　　　　　　印　　次:2023 年 4 月第 6 次印刷
定　　价:39.00 元

产品编号:070801-02

《21世纪计算机科学与技术实践型教程》

序

21世纪影响世界的三大关键技术：以计算机和网络为代表的信息技术；以基因工程为代表的生命科学和生物技术；以纳米技术为代表的新型材料技术。信息技术居三大关键技术之首。国民经济的发展采取信息化带动现代化的方针，要求在所有领域中迅速推广信息技术，导致需要大量的计算机科学与技术领域的优秀人才。

计算机科学与技术的广泛应用是计算机学科发展的原动力，计算机科学是一门应用科学。因此，计算机学科的优秀人才不仅应具有坚实的科学理论基础，而且更重要的是能将理论与实践相结合，并具有解决实际问题的能力。培养计算机科学与技术的优秀人才是社会的需要、国民经济发展的需要。

制定科学的教学计划对于培养计算机科学与技术人才十分重要，而教材的选择是实施教学计划的一个重要组成部分，《21世纪计算机科学与技术实践型教程》主要考虑了下述两方面。

一方面，高等学校的计算机科学与技术专业的学生，在学习了基本的必修课和部分选修课程之后，立刻进行计算机应用系统的软件和硬件开发与应用尚存在一些困难，而《21世纪计算机科学与技术实践型教程》就是为了填补这部分空白。将理论与实际联系起来，使学生不仅学会了计算机科学理论，而且也学会应用这些理论解决实际问题。

另一方面，计算机科学与技术专业的课程内容需要经过实践练习，才能深刻理解和掌握。因此，本套教材增强了实践性、应用性和可理解性，并在体例上做了改进——使用案例说明。

实践型教学占有重要的位置，不仅体现了理论和实践紧密结合的学科特征，而且对于提高学生的综合素质，培养学生的创新精神与实践能力有特殊的作用。因此，研究和撰写实践型教材是必需的，也是十分重要的任务。优秀的教材是保证高水平教学的重要因素，选择水平高、内容新、实践性强的教材可以促进课堂教学质量的快速提升。在教学中，应用实践型教材可以增强学生的认知能力、创新能力、实践能力以及团队协作和交流表达能力。

实践型教材应由教学经验丰富、实际应用经验丰富的教师撰写。此系列教材的作者不但从事多年的计算机教学，而且参加并完成了多项计算机类的科研项目，他们把积累的经验、知识、智慧、素质融合于教材中，奉献给计算机科学与技术的教学。

我们在组织本系列教材过程中，虽然经过了详细的思考和讨论，但毕竟是初步的尝试，不完善甚至缺陷不可避免，敬请读者指正。

本系列教材主编　陈明

2005年1月于北京

前　　言

在如今这个互联网飞速发展的时代，网络已经成为人们生活中不可或缺的一部分。同时网站的建设也开始被众多的企事业单位所重视，这就为网页设计人员提供了很大的发展空间；而作为从事相关工作的人员则要掌握必要的知识体系和操作技能，以满足工作的需要。

作为目前流行的网页设计软件——网页三剑客 Dreamweaver、Fireworks 和 Flash，凭借着其强大的功能和易学易用的特性深受广大设计人员的喜爱。其中 Dreamweaver 自问世以来就一直备受广大网页制作人员的推崇，而 Flash 强大的动画处理功能是广大设计人员有目共睹的，至于 Fireworks 更是专门用来制作与处理 Web 图形图像的首选软件。这三者的有效结合，对于网页设计人员来讲，将会很轻松地完成各类页面的设计和制作。

虽然制作一个简单的网页并不困难，但是制作出超凡脱俗的网站就不那么容易了，因此我们特意为大家编写了网站建设和网页设计与制作的教程。

全书共分为 11 章。前 7 章讲解 Dreamweaver 的基础知识和基本操作，语言通俗易懂，即使是初学者也很容易读懂并学会。第 8 章讲解了 Flash 动画制作基础。第 9 章介绍了 Fireworks 处理 Web 图形基础。第 10 章简单介绍动态网页制作基础。此外，为了使读者能巩固所学知识，全书每章后面都有相应的实训练习。第 11 章详细介绍了一个综合网站的制作过程，内容精彩、页面丰富，是读者在学会了基础知识之后，对知识进行巩固的部分。

本书专业性和艺术性较强，具有很强的可读性，实例精美实用，具有良好的可操作性。书中的实例是作者从实际工作中精选出来的，具有较强的应用性和示范作用。同时，书中所用语言浅显易懂，并辅之以精选的插图，相信读者只要按照书中的步骤进行操作，一定能制作出令人满意的网页来。

本书由正德职业技术学院的多位资深教师共同编写，编者多年从事计算机网络技术专业的教学工作，参与编写工作的教师有施莹、茹志鹃、徐建华。

在编写本书的过程中作者参考了许多书刊和文献资料，在实际操作方面也融入了作者的体会和经验。本书力求图文并茂，做到理论以够用为度，实用性为主，紧跟 Web 开发技术的最新发展。但是，由于本书编写时间紧，且限于作者的学识水平，难免有不到之处，恳请读者给予批评指正，也可与 shiying@zdonline.org 联系。

编　者

2016 年 10 月

前　言

目　　录

第1章　网页制作基础知识

1.1　网页及其制作工具

互联网的迅速发展,使得网络成为目前社会中最具有时效性,也是最丰富的媒体。越来越多的人得益于网络的发展和壮大,每天无数的信息在网络上传播,人们在其中徜徉搜索,各得其乐。而形态各异、内容繁杂的网页就是这些信息的载体,那么网页究竟是什么呢?

1.1.1　网页的定义

最初的网页是文本的页面,是一种介绍知识、提供信息的平台。这个时候,网页都是文字,只有简单的内容填充,然后用 HTML 代码显示出来就算是一个很好的网页了。图 1-1 显示了雅虎(Yahoo)网站 1996 年时的样子,此时的要求不高,只需要把要表达的内容能够显示到网页上就可以了。随着社会的进步,大家开始注重上网观看的感觉,要美观、要大方。因此,真正的网页时代开始了!

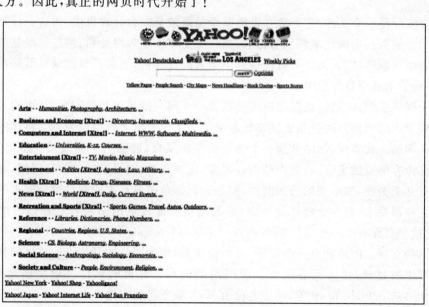

图 1-1　早期的网页

那究竟什么才是网页？

简单来讲，当浏览者打开浏览器输入一个网址或者单击了某个链接，在浏览器里看到文字、图片，可能还有动画、音频、视频等内容，而承载这些内容的就是网页，图 1-2 就是一个网页。

图 1-2　网页在浏览器中的效果

网页实际是一个文件，它存放在世界某个角落的某一台计算机中，而这台计算机必须是联网的。网页经由网址来识别与存取，当在浏览器中输入网址后，经过一段复杂而又快速的域名解析程序，网页文件会被传送到浏览者的计算机，然后再通过浏览器解释网页的内容，最终展示到浏览者的眼前。

由于网页中包含"超链接"，超链接可以将一个网页链接到其他网页，从而构成了万维网的纵横交织的结构。通过超链接连接起来的一系列逻辑上可以视为一个整体的一些网页就叫作网站。或者说，网站就是一个链接的页面集合，通常为了完成某个特定目标，是各种各样内容网页的集合，有的网站内容很多，比如新浪、网易这样的门户网站，有的网站可能只有几个页面，如小型的公司网站，但是它们都是由最基本的网页组合起来的。

在这些网页中，有一个特殊的页面，它是浏览者输入某网站域名后看到的第一个页面，因此这个页面有了一个专用的名称——主页（Homepage），也称为"首页"。图 1-2 就是腾讯网的首页。网站都有一个首页，或者说主页，作为网站的开始点。首页的作用一般像是一本书的目录，使访问者能够了解网站的内容。首页的名称一般是固定的，例如 index.html 或 default.html 等（具体名称由 Web 服务器确定）。

1.1.2 网页的本质

浏览者是通过浏览器来访问 Web 服务器上的网页的。网页虽然看上去千姿百态，但是就其本质都是由 HTML 语言组成的。那么，网页的本质到底是什么呢？如果在浏览器窗口中任意打开一个网页，然后选择“查看”菜单中的“源文件”命令，则系统会启动文本编辑器程序，其中包含一些文本信息，如图 1-3 所示。

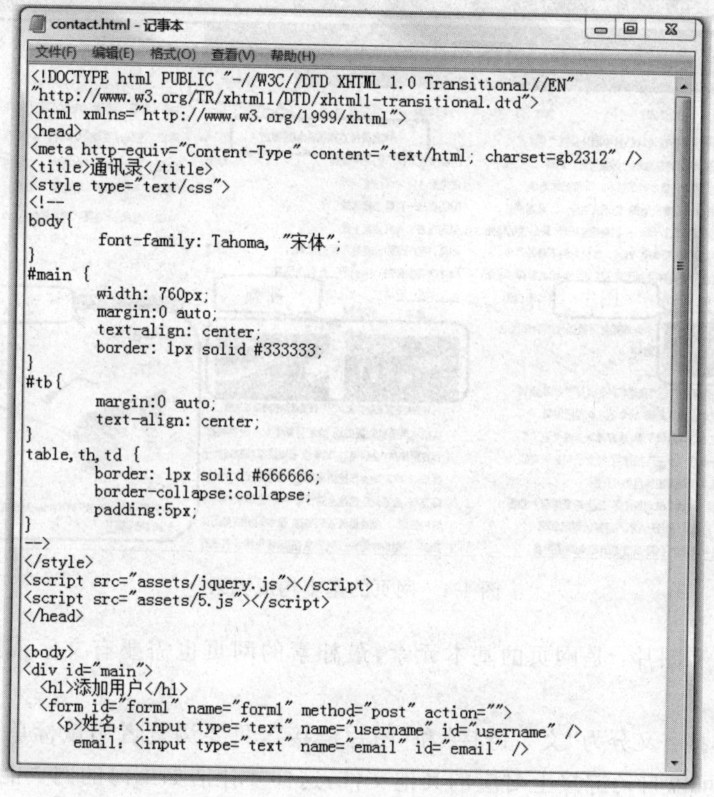

```
contact.html - 记事本
文件(F) 编辑(E) 格式(O) 查看(V) 帮助(H)
<!DOCTYPE html PUBLIC "-//W3C//DTD XHTML 1.0 Transitional//EN"
"http://www.w3.org/TR/xhtml1/DTD/xhtml1-transitional.dtd">
<html xmlns="http://www.w3.org/1999/xhtml">
<head>
<meta http-equiv="Content-Type" content="text/html; charset=gb2312" />
<title>通讯录</title>
<style type="text/css">
<!--
body{
        font-family: Tahoma, "宋体";
}
#main {
        width: 760px;
        margin:0 auto;
        text-align: center;
        border: 1px solid #333333;
}
#tb{
        margin:0 auto;
        text-align: center;
}
table,th,td {
        border: 1px solid #666666;
        border-collapse:collapse;
        padding:5px;
}
-->
</style>
<script src="assets/jquery.js"></script>
<script src="assets/5.js"></script>
</head>

<body>
<div id="main">
  <h1>添加用户</h1>
  <form id="form1" name="form1" method="post" action="">
    <p>姓名：<input type="text" name="username" id="username" />
      email：<input type="text" name="email" id="email" />
```

图 1-3 网页的 HTML 源代码

这些文本实际就是网页的本质——HTML 源代码。由此可以看出，网页就是用 HTML 写成的文档，在 Internet 中可以通过浏览器程序进行浏览。

HTML（HyperText Markup Language，超文本标记语言）是表示网页的一种规范，它通过标签（也称为标记符）定义了网页内容的显示。例如，<html>标签表示此文档是一个网页文件，而<table>标签则表示网页中定义的一个表格。要浏览一个网页，应先把页面所对应的文件从提供这个文件的服务器里，通过 Internet 传送到浏览器的计算机中，文件中除包含了文字信息外，还包括了一些具体的链接，这些包含链接的文件称为“超文本文件”。

网页由网址（URL）来识别和存取，当浏览者在浏览器内输入网址后，经过一段复杂而又快速的程序，网页文件会被传送到浏览者的计算机内，然后浏览器把这些 HTML 代码“翻译”成图文并茂的网页。

1. 网页的基本构成元素

虽然网页的形式和内容各不相同,但是组成网页的基本元素是大体相同的,一般包括以下几点,如图 1-4 所示。

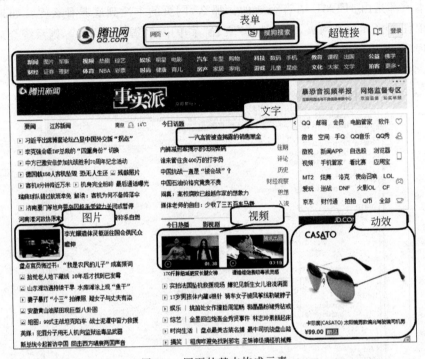

图 1-4　网页的基本构成元素

（1）文字和图片：是网页的基本元素,最朴素的网页也需要有文字或图片来表达它的内容。

（2）超链接：又分为"文字链接"和"图片链接",只要浏览者用鼠标单击带链接的文字或图片,就可以自动链接上对应的其他文件,这样才让浩如烟海的网页能连接成一个整体,这也正是网络的魅力所在。

（3）动效：现在的网站中,交互设计的细节和动效越来越丰富,动画以其独特的魅力愉悦了我们的感官体验。动效又分为两种,一种是传统意义上的动画,即 GIF 动画或 Flash 动画,另一种则是网页交互特效,通过用户特定的手势、动作,实现动态的人机交互特效。活动的内容总比静止的要吸引人的注意力,所以精彩的动画特效让网页变得更加魅力四射。

（4）表单：是一种可以在浏览者与服务器之间进行信息"交流"的东西,使用表单可以完成搜索、登录、论坛、发送电子邮件等交互功能。

（5）音/视频：随着网络技术的发展,网站上面已经不再是单调的 MIDI 背景音乐,而丰富多彩的在线视频、网络电视、播客等已经开始成为网络新潮流。

2. 与网页有关的一些术语

（1）统一资源定位器——URL。URL(Uniform Resource Location)即统一资源定位

器,它指出了文件在 Internet 中的位置。URL 由协议名、Web 服务器地址、文件在服务器中的路径(即目录)和文件名 4 部分构成。例如,http：//www.qq.com/news/index.html。其中 http：//是协议名,表示文件的运行是遵循超文本传输协议的。www.qq.com 是 Web 服务器的地址,/news 是文件所在的目录,index.html 则是文件名。

(2)超文本标语语言——HTML。HTML(HyperText Markup Language)即超文本标记语言,它是一种用于编写超文本文档的标记语言。自从 1990 年首次应用于网页编辑后,HTML 迅速崛起成为网页编辑的主流语言。几乎所有的网页都是由 HTML 或以其他程序语言嵌套在 HTML 中编写的。HTML 并不是一种程序语言而是一种结构语言,它具有平台无关性。无论用户使用何种操作系统(Windows、Linux、Mac、UNIX 等),只要有相应的浏览器程序,就可以运行 HTML 文档。

(3)超文本传输协议——HTTP。超文本传输协议规定了浏览器在运行 HTML 文档时所遵循的规则和要进行的操作。HTTP 协议的制定使浏览器在运行超文本文档时有了统一的规则和标准,从而大大增强了网页的适用性。

(4)超链接:不同信息片之间的连接。

(5)服务器:存放网站的主机,是网络环境中的高性能计算机,它侦听网络上其他计算机(客户机)提交的服务请求,并提供相应的服务。

(6)浏览器:一种用于搜索、查找、查看和管理网络信息的带图形交互式界面的应用软件。当前流行的浏览器有：微软的 IE(Internet Explorer)、火狐浏览器 Firefox 与 Opera 等。

(7)静态网页:所谓静态网页,就是说该网页文件里没有程序代码,只有 HTML 标记,这种网页一般以后缀.htm 或.html 存放。静态网页一经生成,内容就不会再变化,不管何时何人访问,显示的都是一样的内容,如果要修改相关内容,就必须修改源代码,然后上传到服务器。

(8)动态网页:所谓动态网页是指采用了动态网站技术且可交互的网页,就是说该网页文件里有程序代码,这种网页的扩展名一般根据不同的程序设计语言而不同,通常可以是 aspx、asp、php、cgi。动态网页能够根据不同时间、不同的来访者而显示不同的内容。如常见的 BBS、留言板、聊天室通常是用动态网页实现的。

1.1.3 常用的网页制作软件

1. 网页编辑工具

(1) Dreamweaver

Adobe Dreamweaver 简称 DW,是美国 Macromedia 公司开发的集网页制作和管理网站于一身的所见即所得的网页编辑器,DW 是第一套针对专业网页设计师特别发展的视觉化网页开发工具,利用它可以轻而易举地制作出跨越平台限制和跨越浏览器限制的充满动感的网页。它具有可视化编辑界面,用户不必编写复杂的 HTML 源代码就可以生成跨平台、跨浏览器的网页,不仅适合于专业网页编辑人员的需要,同时也容易被业余网友们所掌握。另外,Dreamweaver 的网页动态效果与网页排版功能都比一般的软件好用,即使是初学者也能制作出相当于专业水准的网页,所以 Dreamweaver 是网页设计者的首选工具。Dreamweaver 是一种可以满足多层次需求、功能强大的可视化专业级网页设计及制作工具。

（2）FrontPage

FrontPage 是由 Microsoft 公司推出的 Web 网页制作工具。FrontPage 使网页制作者能够更加方便、快捷地创建和发布网页，具有直观的网页制作和管理方法，简化了大量工作。

FrontPage 界面与 Word、PowerPoint 等软件的界面极为相似，为使用者带来了极大的方便，Microsoft 公司将 FrontPage 封装入 Office 之中，成为 Office 家族的一员，使之功能更为强大。

2. 素材处理与创作工具

为了使制作的网页更为美观，用户在利用网页制作工具制作网页时，还需利用网页美化工具对网页进行美化。

（1）Photoshop

Adobe Photoshop 简称 PS，是由 Adobe Systems 开发和发行的图像处理软件。

Photoshop 主要处理以像素所构成的数字图像。使用其众多的编修与绘图工具，可以有效地进行图片编辑工作。PS 有很多功能，在图像、图形、文字、视频、出版等各方面都有涉及。Photoshop 是目前公认的 PC 上最好的通用平面美术设计软件，它功能完善、性能稳定、使用方便，所以在几乎所有的广告、出版、软件公司，Photoshop 都是首选的平面制作工具。

（2）Fireworks

Fireworks 是 Adobe 推出的一款网页作图软件，它可以加速 Web 设计与开发，是一款创建与优化 Web 图像和快速构建网站与 Web 界面原型的理想工具。Fireworks 不仅具备编辑矢量图形与位图图像的灵活性，还提供了一个预先构建资源的公用库，并可与 Adobe Photoshop、Adobe Illustrator、Adobe Dreamweaver 和 Adobe Flash 软件省时集成。它的出现使 Web 作图发生了革命性的变化。因为 Fireworks 是第一套专门为制作网页图形而设计的软件，同时也是专业的网页图形设计及制作的解决方案。

作为一款为网络设计而开发的图像处理软件，Fireworks 还能够自动切割图像、生成光标动态感应的 JavaScript 程序等，而且 Fireworks 具有强大的动画功能和一个相当完美的网络图像生成器。

（3）Flash

Flash 又被称为闪客，是由 Macromedia 公司推出的交互式矢量图和 Web 动画的标准，由 Adobe 公司收购。网页设计者使用 Flash 可以创作出既漂亮又可改变尺寸的导航界面以及其他奇特的效果。Flash 是一种交互式动画设计工具，用它可以将音乐、声效、动画以及富有新意的界面融合在一起，以制作出高品质的网页动态效果。它主要应用于网页设计和多媒体创作等领域，功能十分强大和独特，已成为交互式矢量动画的标准，在网上非常流行。Flash 广泛应用于网页动画制作、教学动画演示、网上购物、在线游戏等的制作中。

Flash 通常也指 Macromedia Flash Player(现 Adobe Flash Player)。

1.2　网站设计流程

因为网页只有在链接成网站才有其存在的意义,所以通常所说的网页制作实际上就是网站制作。在制作网页开始时就从一个网站的角度来考虑问题,能够使后续的工作更容易进行。网站的建设通常都遵循一个基本的流程:规划阶段、设计阶段、开发阶段、发布阶段与维护阶段。

1.2.1　规划站点

无论是大的门户网站还是只有几个页面的个人主页,都需要做好前期的策划工作,特别是当客户本身对于网站的需求不明确的时候,承接网站制作的一方更要做好充分的前期策划工作。

网站虽然看起来是一些电子文件,但是这些文件同网站的功能以至于服务器的操作系统都有着密切的关系。制作方应与客户共同讨论以明确网站主题、栏目设置、整体风格、所需要的功能及实现的方法,甚至于域名的申请、虚拟主机或服务器的购买、开发制作的周期以及后期的维护等细节及报价,是制作一个网站的良好开端。

一个规范的网站策划步骤分为:

1. 确定网站的目标

主页的设计需要一些技术,而更多的是对整个网络的了解,有时候即使投入了非常大的精力,但也可能只是获得了失败,这就是现在许多非常优秀的个人主页还默默无闻的道理。所以在最初设计自己的站点的时候,就要有一个正确的定位,使得它产生更多吸引力,而这又是提高访问量的关键,不好的站点,没有人会喜欢。当设计者在开始动手设计自己站点的时候,请先仔细考虑以下问题:

(1) 这个网站想让别人得到什么?

(2) 哪些人应该是这个网站的访客?

(3) 靠什么留住访客?

2. 确定网站的主题

网站设计开始首先遇到的问题就是网站的主题,也就是网站的题材。网站题材千奇百怪,琳琅满目,只要想的到,就可以把它制作出来。

网站的主题就是指网站的题材。网站的题材包括很多,可以有新闻、财经、娱乐、女性、房产、旅游、游戏、军事、体育、交友、科技、音乐、育儿、家居、证券、基金和计算机技术等。而且,其中的每一个题材都可以进行进一步的细分。在网站浩如烟海的今天,新颖的网站主题层出不穷,要想在网站题材上吸引访问者,确实需要下一番工夫。一般来说,确立网站题材要遵循下面一些原则。

首先,就个人网站而言,要选择自己感兴趣或自己熟悉和了解的题材。对于企业网站来说,网站的题材不能脱离企业的商业目的,要根据网站的功能确定网站的主题。另外,网站题材范围不能太广泛,必须做到"小而精"。"小而精"指网站的专业性程度。

3. 确定网站的风格

风格(Style)是抽象的,是指站点的整体形象给浏览者的综合感受。这个"整体形象"包括站点的标志、色彩、版面布局、浏览方式、交互性、内容价值、站点荣誉等诸多因素。例如,人们觉得网易是平易近人的,迪士尼是生动活泼的,IBM 是专业严肃的,这些都是网站给人们留下的不同感受。

风格是独特的,是站点不同于其他网站的地方。或者色彩,或者技术,或者是交互方式,能让浏览者明确分辨出这是某个网站独有的。例如,新世纪网络的黑白色,网易壁纸站的特有框架,即使浏览者没有看到主页,只看到其中一页,也可以分辨出是哪个网站的。

风格是有人性的。通过网站的外表、内容、文字、交流可以概括出一个站点的个性、情绪。是温文儒雅、是执著热情、是活泼易变,或是放任不羁。像诗词中的"豪放派"和"婉约派",可以用人的性格来比喻站点。

4. 确定网站的标准

Web 标准,即网站标准。目前通常所说的 Web 标准一般指网站建设采用基于 XHTML 语言的网站设计语言,Web 标准中典型的应用模式是 CSS＋Div。实际上,Web 标准并不是某一个标准,而是一系列标准的集合。

网页主要由三部分组成:结构(Structure)、表现(Presentation)和行为(Behavior)。对应的网站标准也分三方面:结构化标准语言,主要包括 HTML/XHTML 和 XML;表现标准语言主要包括 CSS;行为标准主要包括对象模型 W3C DOM、ECMAScript 等。这些标准大部分由 W3C 组织起草和发布,也有一些是其他标准组织制定的标准,例如 ECMA(European Computer Manufacturers Association)的 ECMAScript 标准。

1.2.2 设计站点

在前期规划案得到认可后,就需要将项目细分化为两个部分进行,一个是前台页面设计制作,一个是后台程序及功能实现。

客户一般都是"以貌取人"的,往往要求制作方迅速提供一到两套设计图,而对于网站的实际功能如何,却不甚了解。所以,就算网站有后台程序部分,而最早进入到实际制作流程的,往往是网页美工设计。

事实上,如果有一个好的网站策划与分工,后台程序可以和美工设计同时开始,甚至先于美工。

1. 页面美工设计

美工设计人员应该在网站策划阶段就同客户充分接触,以了解客户对网站设计的需求及其个人品位,以便在设计过程中一个基调。设计者要勇于面对的一个现实:无论多么有"思想"和"创意"的设计稿如果得不到客户的认可,也是废纸一张。

一般会设计1~3套不同风格的设计稿交由客户讨论及提出修改意见,直到确定了最终方案,则按需求说明设计出所有需要的页面的设计图。

2. 静态页面制作

美工在设计好各个页面的效果图后,就需要制作成 HTML 页面,以供后台程序人员将程序整合。

3. 程序开发

程序开发人员可以先行开发功能模块,然后再整合到 HTML 页面内,也可以用制作好的页面进行程序开发,但是为了程序能有很好的移植性和亲和力,还是推荐先开发功能模块,然后再整合到页面的方法。

📖 提示:本书仅涉及页面美工设计与静态页面制作方法,程序开发部分请读者参考动态网页设计相关教程。

1.2.3　制作网页

大部分情况下,网页设计师与制作人员需要实现的是静态页面。静态页面看似简单,似乎只是把设计图纸转变为可在浏览器里浏览的页面。但是如何让页面和设计图保持一致而又符合网络浏览的习惯,如何让页面既像图纸中那样美丽又有较快的速度和用户友好性,对于网站能留住更多的浏览者是个很关键的问题。

1. 手画图纸,布局页面

专业的页面美工设计人员会使用平面图像处理软件,首先绘制图纸,与平面设计类似,从空白图纸开始,为网页设计布局和配色。美工首先要对网站风格有一个整体定位,包括标准字、LOGO、标准色彩、广告语等。然后再根据此定位分别做出首页、二级栏目及内容页的设计稿。首页包括版面、色彩、图像、动态效果、图标等风格设计,也包括banner、菜单、标题、版块等模块设计。

2. 观察图纸

拿到一张设计图,不要立刻就用软件来划分切片和输出图片,应先观察一下图纸,对页面的布局、配色有一个整体的认识,而在对设计图达成一个初步的了解之后,就会对如何在 HTML 页面里面布局有了规划,而根据这个规划再来对设计图进行分割输出,以免匆匆切分之后又发现在 HTML 里面无法实现或者效果不好而返工。

3. 拆分图纸

当对于如何拆分图纸和组成 HTML 页面有了规划之后,就可以将图纸拆分成需要的"原料",以便在组装页面时使用,一般需要从图纸中拆分提取的有以下内容:

(1) 分离颜色,包括3部分的配色:页面主辅颜色搭配的基本配色、普通超级链接的配色和导航栏超链接的配色。

(2) 提取尺寸,按照设计图纸的尺寸来搭建网页才会符合图纸上的设计,也可以灵活把握。

（3）分离背景图：背景图可能是大面积重复的图案，也可能就是一张图片，一般和内容没有关系的装饰图可以做成背景图。

（4）分离图标及特殊边框，小图标和花边可以给网页增添细节和亮点，边框在理论上讲其使用方法和背景图相似，有时也需单独输出。

（5）分离图片，内容相关的图片，例如新闻报道的图片、讲解操作步骤的图片等。

4. 组装

组装就是把分离出来的元素按照一定的方法组合成与设计效果类似的页面。注意：这里说"类似"的布局，因为很多时候设计图和实际情况会有所差别，不太可能完全一样。

HTML 页面布局的方法一般分为两种：表格布局和层布局。

（1）表格布局

表格布局已经有很多年历史了，在 HTML 和浏览器还不很完善的时候，要想让页面内的元素能有一个比较好的格局是比较麻烦的事情，由于表格不仅可以控制单元格的宽度和高度，而且可以互相嵌套，所以为了让各个网页元素能够放在预设的位置，表格就成为网页制作者的得力工具。

目前仍然有很多的网站在使用表格布局，表格布局使用简单，制作者只要将内容按照一定的行和列拆分，然后再用表格组装起来即可实现设计版面布局。

（2）层布局方法

层布局方法使用层（Div）结合层叠样式单（CSS），把页面内的图片和文字等内容组合起来，成为可浏览的页面。层称为定位标记，它不像链接或者表格具有实际的意义，其作用就是设定文字表格等摆放位置，因此它可以用在几乎任何地方。

本书将在后继章节分别介绍这两种布局方法。

1.2.4　网站发布与维护

一个网站制作完成，下一步就是将制作完成的网站从本地上传到 Internet，这就是网站发布。发布的方法往往都是先在本地测试网站确实没有问题，然后再使用上传工具将网站上传到事先申请到的主页空间或专业的服务器上。

发布网站后就一劳永逸了么？当然不是！与其他媒体一样，网站也是一个媒体，同样需要经常更新维护。网站维护一般包含以下内容：内容的更新、网站风格的更新、网站重要页面的设计制作、网站系统的维护服务等。

其他的服务可能还包括网站推广、版本功能升级等内容，在此不再详述。

本 章 实 训

【实训 1】

任选一个网站作为分析目标，例如"正德职业技术学院"官网，如图 1-5 所示，试从网站主题、功能、风格、用户群、信息内容、栏目结构等方面进行网站分析。

图 1-5　正德职业技术学院首页

【实训 2】

完成如下所示的个人网站规划表，选一个感兴趣的主题，对整个网站的建设进行总体规划。

个人网站规划表

网站名称 （一句话精华）	
主题 （到底做什么）	
面向用户群	
总体风格 （标准色）	
主要竞争对手 （竞争网站）	
市场背景分析 （国内外该行业发展现状）	
网站特色	

续表

内容结构 （共有几个栏目及各栏目的主要内容）	

第2章 建立站点与编辑网页

Adobe Dreamweaver 简称 DW,它是现在网页设计与制作普遍使用的一种工具,它具有可视化编辑界面,用户不必编写复杂的 HTML 源代码就可以生成跨平台、跨浏览器的网页,不仅适合于专业网页编辑人员的需要,同时也容易被业余网友们所掌握。

2.1 Dreamweaver CC 简介

2.1.1 Dreamweaver CC 的工作界面

Dreamweaver CC 版本除了外观有所改变以外,软件本身随着更新也添加一些新功能,让 Web 开发人员能更快生成简洁有效的代码。但软件在结构上,较前期版本,基本上没什么变化。

1. Dreamweaver CC 的起始页

Dreamweaver CC 的起始页并不是只在第一次启动时出现,而是在 Dreamweaver 每次启动时或者在每次没有打开文档时,都会在主窗口中显示,如图 2-1 所示。

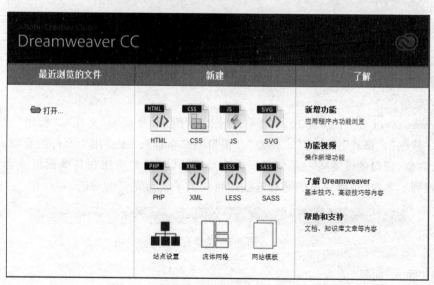

图 2-1 起始页

　　在 Dreamweaver CC 的起始页中整合了多项常用功能，方便了用户较快使用其功能。主要分为三大类：最近浏览的文件：方便用户快速找到最近编辑过的网页。新建：使制作人员快速进入所要创建的不同项目类型。了解：作为初学者或有经验的开发者，都可在此类别中找到软件的视频链接与新功能展示。

　　2. 界面基本组成

　　Dreamweaver CC 界面与 Dreamweaver 的前期版本相比，界面总体的格局比较相似。此工作界面仍然为 MDI（多文档）形式，将所有的文档窗口及面板集合到主窗口中。Dreamweaver CC 主界面如图 2-2 所示。

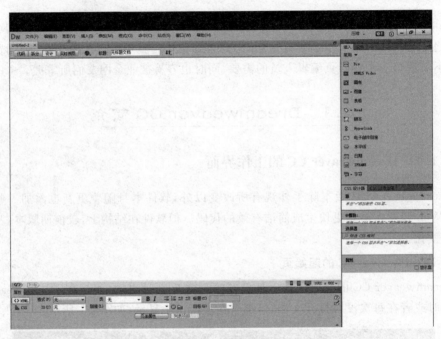

图 2-2　主界面

　　主程序界面大致分为以下几个区域：菜单栏、"插入"面板、"文档"工具栏、文档编辑区、"状态"栏、"属性"面板和右侧的面板组。

　　（1）菜单栏

　　Dreamweaver CC 中共有 10 个菜单，如图 2-3 所示，分别为"文件"、"编辑"、"查看"、"插入"、"修改"、"格式"、"命令"、"站点"、"窗口"和"帮助"。主要用于文件的管理、站点管理、插入对象、窗口的设置等一系列的操作。当然，其中很多功能在其他面板或者工具栏中也能找到。不过，菜单栏里的所有这些项目提供了较为完整的功能。

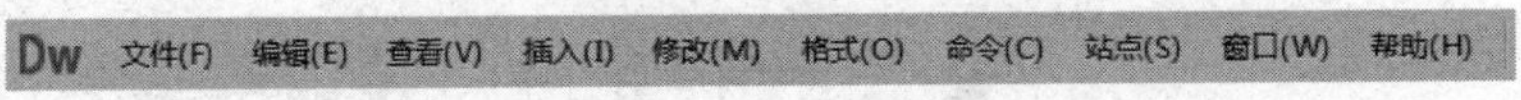

Dw　文件(F)　编辑(E)　查看(V)　插入(I)　修改(M)　格式(O)　命令(C)　站点(S)　窗口(W)　帮助(H)

图 2-3　菜单栏

　　（2）"插入"面板

　　"插入"面板是整个面板组中最常用的一个面板，其中包含了各种次一级的面板，以下拉弹出菜单的方式切换,如"常用"插入面板、"结构"插入面板、"媒体"插入面板等,通过这个面板可以轻松实现网页各种对象的插入。

　　"常用"插入面板包含了网页中的常见对象,如"层"、"图像"、"表格"等,单击对应的按钮即可在文档窗口插入相应的对象,如图 2-4 所示。

　　"结构"插入面板集中了一些设计网页结构的工具,如"项目列表"、"编号列表"、"标题"等元素,如图 2-5 所示。

图 2-4　"插入"面板下的"常用"面板

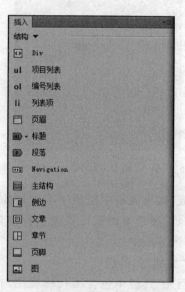

图 2-5　"插入"面板下的"结构"面板

　　"媒体"插入面板提供了快速添加视频、音频、动画等视音对象元素的快捷按钮,如图 2-6 所示。

　　"表单"插入面板用于在网页中快速添加各种表单元素,如文本框、密码框、按钮等,如图 2-7 所示。

图 2-6　"插入"面板下的"媒体"面板

图 2-7　"插入"面板下的"表单"面板

　　jQuery Mobile 插入面板可提供在手机、平板电脑等移动设备上的 jQuery 核心库支持,通过该面板可快速在页面中添加指定效果的可折叠区块、翻转切换开关、搜索等对象,如图 2-8 所示。

jQuery UI 插入面板中提供了特殊效果的对象，通过该面板可快速在页面中添加具有指定效果的选项卡、日期、对话框等对象，如图 2-9 所示。

图 2-8   "插入"面板下的 jQuery Mobile 面板   图 2-9   "插入"面板下的 jQuery UI 面板

"模板"插入面板中提供了有关制作模板页面的各种工具，通过该面板可快速执行创建模板、指定可编辑区等操作，如图 2-10 所示。

（3）"文档"工具栏

"文档"工具栏中包含了代码视图与设计视图的切换、查看文档及站点间传送文档的相关命令与选项，如图 2-11 所示。其中最常用的是视图间的切换和文档的查看。

图 2-10   "插入"面板下的"模板"面板

（4）编辑区

制作人员在此区域编辑网页内容，并以"所见即所得"的方式显示被编辑的网页内容。

图 2-11   "文档"工具栏

（5）"状态"栏

显示了当前正在编辑文档的相关信息。制作人员可以根据左侧的标签选择器非常容易地选取网页中的元素，如图 2-12 所示。例如单击<body>后，就可选取整个网页。还可单击状态栏右侧的设备缩略图，快速定义页面适配的尺寸。

图 2-12   "状态"栏

（6）"属性"面板

用于显示当前选定的网页元素的属性，并可在"属性"面板上进行修改，如图 2-13 所示。当选择不同的网页元素时，"属性"面板的显示内容也会有所不同，例如图片和表格所显示的属性是不一样的。此外，单击"属性"面板右下方的下拉按钮，可以根据使用的需要，折叠或展开"属性"面板。在这里建议用户在一般情况下都设置为展开模式。

图 2-13　"属性"面板

（7）面板组

面板组是停靠在窗口右边的多个相关面板的集合。面板是被组织到面板组中的，具有浮动的特性。同时，每个面板都可以展开或折叠，并且可以和其他面板停靠在一起或独立于面板组之外，如图 2-14 所示。用户可以根据自己的喜好，将不同的浮动面板重新组合，达到个性化的界面设计。

2.1.2　定义站点

1. 站点设计流程

（1）对要创建的站点进行规划。例如，确定建站的目的、规模，考虑可能的浏览者访问量的情况，考虑服务器端的配置和访问者的浏览器差异等。

（2）建立一个尽量完整的站点结构。无论是从提高工作效率的目的出发，还是为了今后维护方便，建立一个完整的站点结构都是非常必要的。

2. 站点素材文件类型

（1）文字资料：文字在网页里始终占据着一定的比例。虽然在 Dreamweaver 里可以直接输入文字，但在实际应用时，网页制作人员更多地还是采用将现有的文字通过复制和粘贴的方式插入网页。

（2）图片资料：图片是网页元素中的主力军。图片在网页中所起到的作用不仅是对文字内容的补充，更多的还是对网页的美化和点缀。很多网页之所以被认为优秀，在很大程度上取决于版面的设计，而这些版面往往都是由图片元素组成。

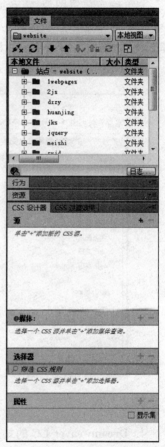

图 2-14　面板组

（3）动画资料：可以是 GIF 动画或者 Flash 动画。

（4）音频资料：网页中使用的声音资料一般是作为网页的嵌入音频文件或者提供用户下载收听的各类音频文件。

（5）视频资料：由于视频文件一般都比较大，所以在网页上直接播放的情况还不是非常普遍,但是现在还是有很多的站点都提供视频播放的功能或者提供用户下载的视频文件。

（6）其他资料：还有 ActiveX 控件,Java Applet 等网页多媒体动态效果。

3．站点结构规划

从一开始就要养成从网站整体去设计网页。在建立站点之前最好先规划站点结构,这样可以为以后的制作、维护和更新站点提供便利。要建立一个层次结构分明的站点,通常是在本地磁盘上创建一个文件夹,这个文件夹称为"根目录",在这个文件夹中存放站点中的所有资料,分门别类地建立子文件夹,管理图像、动画、网页等文件。组织站点结构注意以下几个要点：

（1）将站点内容分门别类,即将相关页面放置在同一文件夹内。

（2）确定放置图像、声音或其他多媒体文件的位置,单独放置图像、声音等文件。

（3）对本地站点和远程站点使用相同的结构,即在创建并测试完站点后,将所有文件都上传,使本地结构完整地复制到远程站点上。

例如,建立规模较小的个人网站,站点结构示意图如图 2-15 所示。

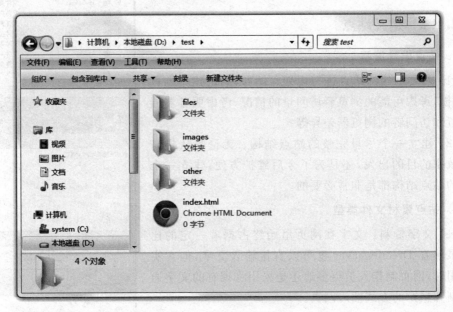

图 2-15　站点结构示意图

4．Dreamweaver CC 的站点管理

在 Dreamweaver 中可实现对站点的管理,包括站点的新建、复制、编辑、导入和导出等。站点结构目录建立完毕后,通过以下三种方法来创建本地站点。

（1）在起始欢迎界面单击"站点设置"按钮。

（2）在"文件"面板中单击"管理站点"超链接,如图 2-16 所示,可在弹出的管理站点面板中执行站点的各

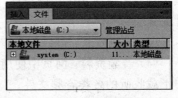

图 2-16　"文件"面板的"管理站点"

项管理,如"新建站点",或编辑当前站点,如图 2-17 所示。

（3）通过菜单项"站点"菜单创建。

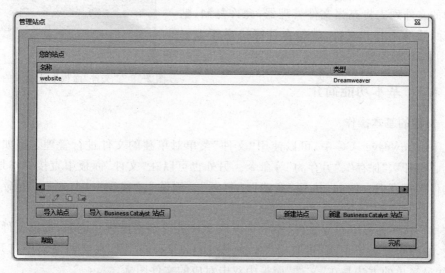

图 2-17　"管理站点"面板

　　下面以通过"站点"菜单创建本地站点为例,讲解具体的创建方法。在 Dreamweaver CC 中建立本地站点的方法如下。

（1）选择"站点"→"新建站点"。

（2）在打开的站点设置对象对话框的"站点名称"文本框中输入站点名称,单击"本地站点文件夹"文本框右侧的"浏览"按钮,为本地站点选择根文件夹,此处的根目录路径尽量不要包含中文文件夹,如图 2-18 所示。

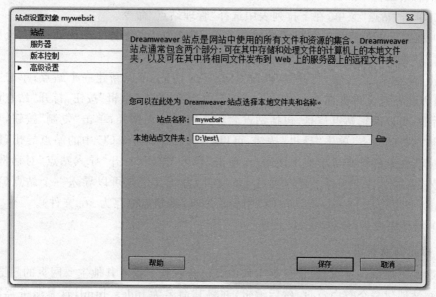

图 2-18　"站点设置对象"对话框

（3）单击"保存"按钮完成站点的建立，此时"文件"面板显示当前站点的新本地根文件夹。"文件"面板中的文件列表将充当文件管理器，允许复制、粘贴、删除、移动和打开文件，就像在计算机桌面上一样，如图 2-19 所示。

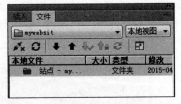

图 2-19　"文件"面板中新建成的站点

2.1.3　基本功能简介

1. 文件的基本操作

在 Dreamweaver CC 中，可以使用"文件"菜单对单独的文件进行管理。例如，执行"新建"、"打开"、"保存"、"另存为"等命令。另外也可以在"文件"面板中直接对本地站点中的文件进行管理。例如，执行"新建"、"打开"、"删除"、"移动"、"复制"、"重命名"等命令。

选择"文件"面板中对应文件，即可对选取文件进行编辑操作。例如，选择文件后，单击右键，在弹出的菜单中执行"打开"命令，则 Dreamweaver CC 在文档窗口中打开该文件，当然最简单的方法是在"文件"面板中双击对应的文件图标。

在对站点中的文件或文件夹进行操作时，合理地使用右键快捷菜单能大大加快操作速度。例如，在"文件"面板空白处上单击鼠标右键，然后选择"新建文件夹"命令，可以在本地站点中新建一个文件夹。

2. 编辑站点

在 Dreamweaver 中创建好本地站点后，如果需要，还可以对整个站点（本地根目录）进行编辑操作。例如复制站点、删除站点等。

如果需要编辑站点，可以执行以下步骤。

（1）单击"站点"菜单，在下拉列表中选择"管理站点"命令。

（2）在对话框列表中选择需要编辑的站点，即可激活左下方 4 个快捷按钮，分别可进行"删除"、"编辑"、"复制"及"导出"的操作，如图 2-20 所示。

单击"新建站点"按钮，打开"站点设置对象"对话框，可以新建一个站点；单击"删除"按钮，可以将站点文件夹在 Dreamweaver CC 中清除；单击"编辑"按钮，打开"站点设置对象"对话框，可以编辑站点信息，包括站点名称及根文件夹路径；单击"复制"按钮，可以复制一个被选择的站点；单击"导出"按钮，可以将 Dreamweaver CC 中的站点导出，以便别的用户或者在别的计算机上使用该站点；单击"导入"按钮，打开"导入站点"对话框，浏览到要导入的站点（保存为站点定义文件 ste 文件）并将其选定可以导入一个站点（在导入文件之前，必须先从 Dreamweaver CC 中导出站点，将站点保存为 ste 文件）。

（3）操作完成后，单击"完成"按钮。

3. 指定站点首页

网站的门户就是首页，通常首页文件中总包含有若干指向其他主要网页的超链接，可以先为网站创建一个空白首页，然后编辑，并将其命名为 index. html，这是服务器默认的首页名称。

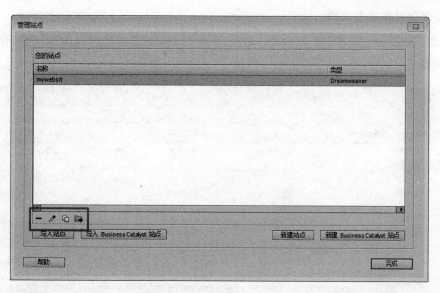

图 2-20　"管理站点"对话框

2.1.4　基本功能实例讲解

1. 创建静态网页

执行"文件"→"新建"命令，出现"新建文档"对话框，如图 2-21 所示；选定"空白页"中的 HTML 选项，单击"创建"按钮，在文档窗口创建一个空白网页。

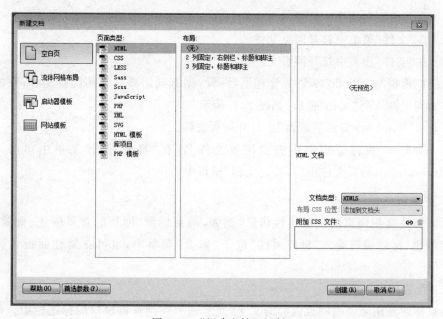

图 2-21　"新建文档"对话框

2. 保存并命名新文档

执行"文件"→"保存"命令,出现"另存为"对话框,选定保存网页的文件夹,在"文件名"框中输入"index.html",如图 2-22 所示。

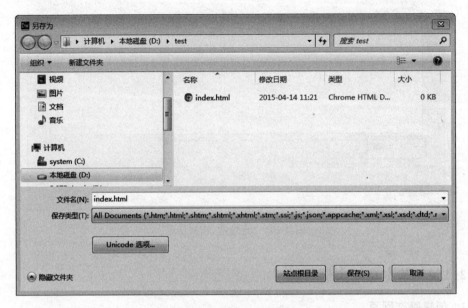

图 2-22   "保存"对话框

3. 打开网页文件

(1) 在起始页对话框中打开网页文件。

(2) 在"文件"菜单中打开网页文件。

(3) 在"文件"面板中打开网页文件。

"文件"面板与"Windows 资源管理器"一样,浏览到需要打开的网页文件,双击该网页文件名即可调入到"文档"窗口,如图 2-23 所示。

(4) 在"Windows 资源管理器"中打开网页文件。

在 Windows 资源管理器中右击网页文件名,在"打开方式"菜单中单击 Adobe Dreamweaver CC,网页文件也将调入"文档"窗口中。

4. 设置网页属性

页面属性是指网页的一般属性信息,例如,网页标题、网页的背景颜色、背景图像、超链接颜色、标题编码等。"页面属性"位于"修改"菜单中,也可在属性面板找到快捷按钮。

(1) 设置网页标题

网页标题是用来说明网页内容的文字,通常显示在浏览器窗口的标题栏中。每张网页都应该有一个标题,而网页标题文字最好能够恰如其分地描述网页的内容。

设置网页标题的方法为:在"文档"工具栏中的"标题"文本框内直接输入网页的标题

图 2-23　在"文件"面板打开网页文件

文字,如图 2-24 所示,也可以在"页面属性"对话框中的"标题"文本框内设置网页的标题,如图 2-25 所示。

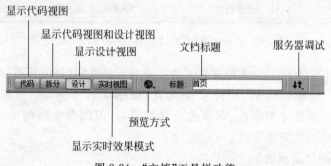

图 2-24　"文档"工具栏功能

（2）设置网页外观

如果需要设置网页的其他属性,可以在"页面属性"对话框中进行设置,通过它可以设置页面的边距、字体、背景效果等,设置完成后单击"确定"按钮。

如果要对整个网页的字体格式和背景效果进行设置,可以通过设置"页面属性"对话框的"外观（CSS）"分类来实现,如图 2-26 所示。

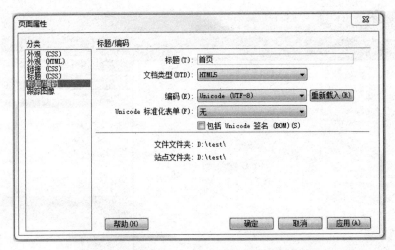

图 2-25　在"页面属性"对话框中添加/修改"标题"

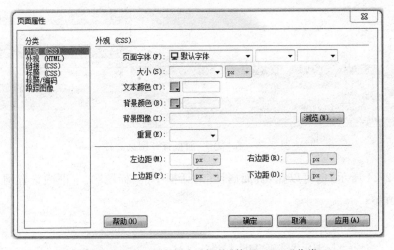

图 2-26　"页面属性"对话框的"外观(CSS)"分类

除了通过"外观(CSS)"分类设置页面的字体和背景效果以外,还可以通过设置"页面属性"对话框的"外观(HTML)"分类来设置,如图 2-27 所示。"外观(CSS)"、"外观(HTML)"同时可设置文本颜色、背景色或背景图像,但两者生成的网页源代码是不同的,其中 CSS 方式的优先级更高。

(3)设置超链接显示效果

通过"页面属性"对话框,还可以非常方便地设置超链接的显示效果,分别可设置字体风格、字号大小、粗细倾斜效果、超链接颜色及下画线样式,如图 2-28 所示。

(4)设置标题

在网页中,有 6 种标题样式,分别使用 HTML 的<h1>～<h6>标签来标记,对于这些标题,其样式可以通过"页面属性"对话框的"标题(CSS)"分类来设置,如图 2-29 所示。

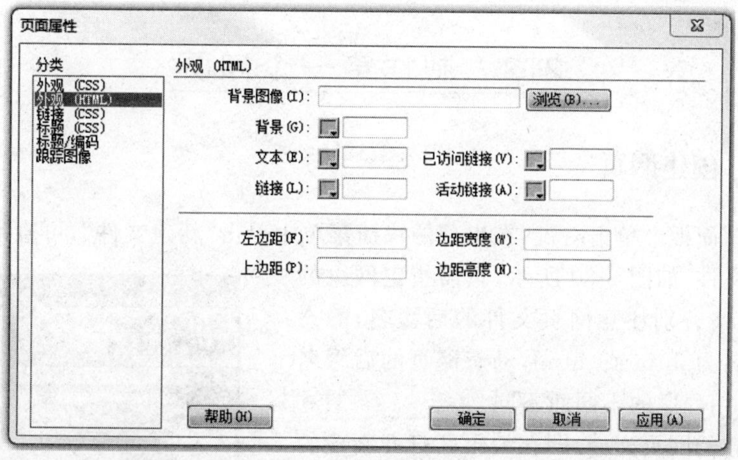

图 2-27 "页面属性"对话框的"外观（HTML）"分类

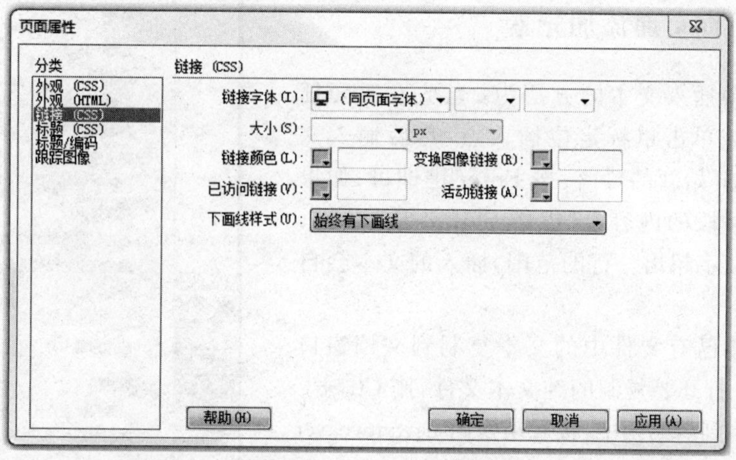

图 2-28 "页面属性"对话框的"链接（CSS）"分类

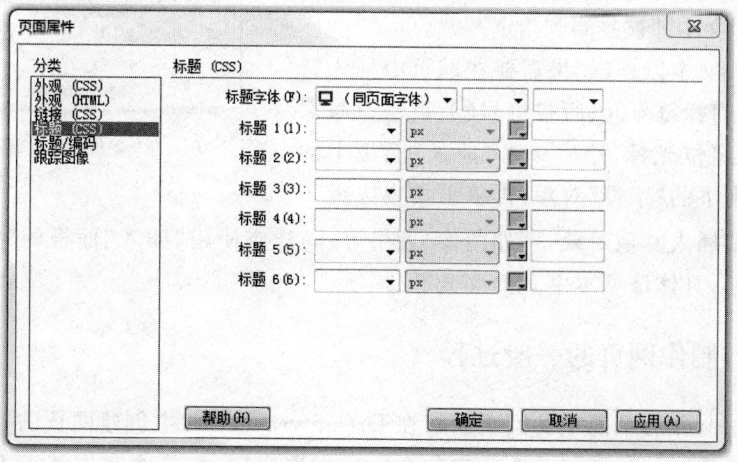

图 2-29 "页面属性"对话框的"标题（CSS）"分类

2.2　制作第一个网页

2.2.1　创建网页

在"文件"面板中单击右键,在出现的快捷菜单中单击"新建文件",可直接在站点路径下新建网页文件,如图 2-30 所示,只需指定网页的文件名即可,请特别注意网页文件的后缀名,静态网页的后缀名为.htm 或.html,动态网页的后缀名根据 Web 应用程序的不同而不同。

双击新建的网页文件,即在编辑区打开新建的空白网页。

2.2.2　向页面添加元素

在文档中插入文本的方法为:首先在需要插入文本的区域单击鼠标定位插入点,然后输入文字,如果需要开始新的段落,按 Enter 键即可;如果想换行显示一段的内容,可以按 Shift+Enter 键;如果输入的文字超出一行的范围,插入的文本会自动换行显示。

也可以将已有文件中的文本复制到文档窗口中。方法为:打开要复制的纯文本文件,按 Ctrl+C键将文本复制到剪贴板中,接着切换回 Dreamweaver CC 文档窗口,在需要添加文本的区域单击鼠标左键,然后选择"编辑"菜单的"粘贴"命令(或按 Ctrl+V 键),则选中文本即被复制到指定区域。

除了一般文本以外,如果需要在网页中插入特殊字符,例如商标符号®、版权符号©、英镑符号£等,应该首先定位光标,然后单击"插入"面板中的"常用"选项卡下的"字符"对象,再单击相应按钮。

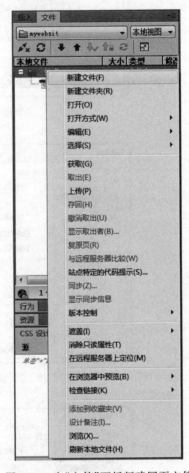

图 2-30　在"文件"面板新建网页文件

如果需要插入其他对象,例如图像、表格等,同样应使用"插入"面板的"常用"选项卡中的相应按钮,具体请见本书其他部分。

2.2.3　制作网页的一般过程

下面通过制作一个简单的网页了解在 Dreamweaver CC 中创建网页的一般过程。

(1) 启动 Dreamweaver CC,新建一个空白文档窗口,如果要制作基于不同设备分辨率的网页,可单击文档窗口下方状态栏中的设备按钮,重新定义页面尺寸。

（2）在工具栏"标题"文本框中输入网页标题，可以使用有意义的中英文作为标题，例如"我的网页"。如果需要设置网页的其他基本属性，可按 Ctrl＋J 键，打开"页面属性"对话框，进行必要的设置。

（3）此时网页没有被保存，文档窗口标题栏中显示了一个"无标题文档（Untitled-1）"字样，按 Ctrl＋S 键，打开"保存为"对话框，将网页保存在站点中。

（4）在文档工作区中输入文字或通过单击"插入"面板中的按钮插入各种对象。例如，可单击"插入"面板的"常用"选项卡中的"水平线"按钮插入一条水平线。

（5）在文档窗口中，如果需要对添加的内容进行修饰，首先选取它，然后在"属性检查器"中进行相应的设置。例如，图 2-31 显示了如何设置水平线的属性。

图 2-31 "水平线"属性

（6）在编辑网页时，如果文档窗口标题栏文件名后有一个星号＊，则表示当前文档没有保存，此时应当按下 Ctrl＋S 键，保存对网页的修改。如果需要在浏览器窗口中查看网页效果，则应按下 F12 键。

注意：在制作网页过程中，如有疑问，可以按 F1 键获取联机帮助信息。

2.3 文 本 修 饰

2.3.1 文本的输入

文本是网页表达信息的主要途径之一，大量的信息传播都以文本为主。文本在网站中的运用最为广泛，因此，文本的输入与处理是最基本和最重要的技能之一。在 Dreamweaver 中输入文字的方法很简单，它和在 Microsoft Word 等文字编辑软件中的输入方法很相似。在"文档"窗口中单击，出现输入提示光标后，选择输入法，即可直接输入相关文字。

在 Dreamweaver CC 中的文本删除、复制、粘贴方法与 Microsoft Word 基本相似。用户必须先选中该文字，然后再对选定文本做相应的编辑处理。但它选取文字的方法除了利用鼠标拖曳和单击文字外，还可直接单击段落标签。使用这种方法，用户可以快速选取所需的文字内容。

选取文字后，可以在 Dreamweaver 的"属性"面板中单击 CSS 选项卡，对文字的格式进行设置，其中包括文字的大小、字体格式、对齐方式、字体颜色等。文本的"属性"面板如图 2-32 所示。

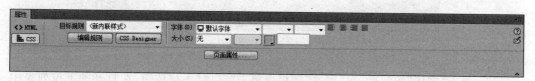

图 2-32 "属性"面板

1．字体格式的设置

在"属性"面板的"字体"设置中，其默认的字体格式非常有限，且没有中文。如果用户想在网页中添加其他的字体，可以按下述方法实现。

（1）展开"字体"列表，单击列表项中的"管理字体"，如图 2-33 所示。

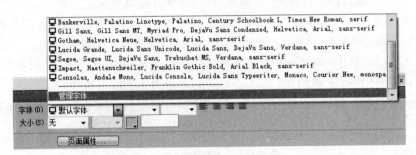

图 2-33　选择"管理字体"命令

（2）在弹出的"管理字体"对话框中，单击"自定义字体堆栈"选项卡，在"可用字体"列表框中选择所需要的字体，单击＜＜按钮添加至"选择的字体"，如图 2-34 所示。

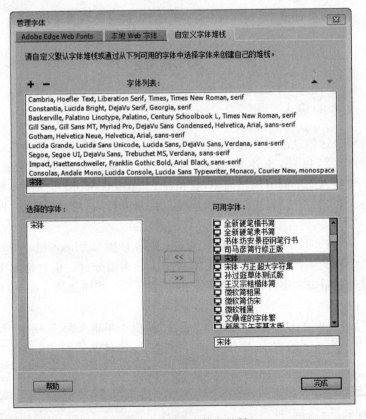

图 2-34　"管理字体"对话框

（3）单击"完成"按钮后，在"属性"面板中单击"字体"下拉按钮，在打开的下拉列表中就有了"宋体"的选项，可更改为文本的字体，如图 2-35 所示。

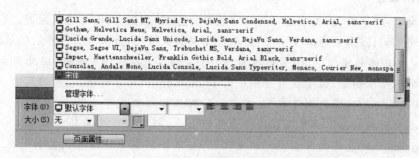

图 2-35　选择字体

2．文字颜色的设置

选取文字后，在"属性"面板中可以设置文字的颜色。设置方法如下。

方法一：单击"颜色"框，在弹出的颜色表中用取色器选取。

方法二：直接在"颜色"框后的文本框内输入颜色的数值，若为 Hex 颜色模型，则输入十六进制的数值，例如＃CCFF00，如图 2-36 所示。

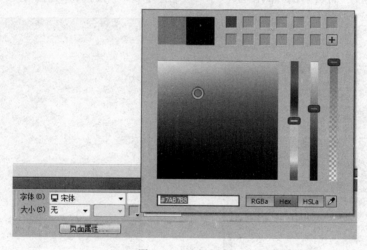

图 2-36　选择颜色

3．文字样式的设置

当设置文本格式时，Dreamweaver 会自动跟踪创建的样式，例如字体格式、大小、颜色等。当设置完成时，在"属性"面板的"目标规则"中就会自动产生新创建的样式，其默认为"＜内联样式＞"。在以后的制作中，每创建一个新的样式，Dreamweaver 会自动将生成的 CSS 代码加入到样式规则中。同时还可单击"编辑规则"按钮，为文本追加 CSS 规则，右侧"CSS 设计器"面板将自动载入，效果如图 2-37 所示。

在"CSS 设计器"中还可以对当前文本进行更多定义，有关 CSS 样式表的内容在以后的章节中会具体介绍。

4. 其他设置

其他设置在"属性"面板中还可对文字的对齐方式、加粗、斜体等进行设置。它的设置方法非常简单,只需选取当前文字,然后单击相关属性按钮,就可观看设置后的效果了。

注意: 在实际的操作中,网页中的字体由于受到客户端机器的限制,因此网页中选用的字体非常有限。例如,假设在网页中使用了"方正舒体"的字体格式,而访问者浏览该网页时,如果浏览者的计算机上没有"方正舒体",则只能以默认字体显示,访问者所看到的网页效果就会大打折扣。为了避免这种情况的发生,网页中所使用的字体格式一般都是中文 Windows 系统自带的字体,例如"宋体"。如果在网页中一定要用某种特殊的字体,那么可以考虑将该文字效果以图片的形式表现。

2.3.2　字符格式

在设计网页时经常会插入一些特殊字符,如注册商标、版权符号及商品符号等字符,具体操作方法如下。

(1) 将光标定位在要输入特殊字符的位置。

(2) 在"插入"面板上的"常用"选项卡中单击"字符"下拉按钮,如图 2-38 所示。

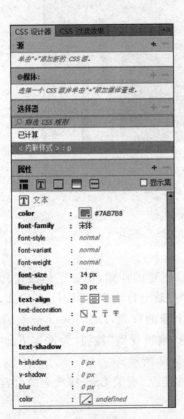

图 2-37　"CSS 设计器"的"文本"选项

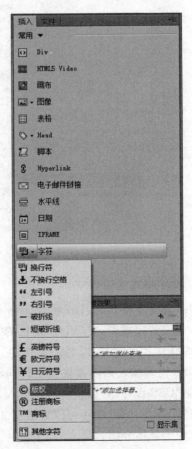

图 2-38　"字符"下拉菜单

（3）在弹出的下拉菜单中单击要输入的字符按钮。

注意：如果在"字符"下拉菜单中没有找到所需要的字符，则可单击"其他字符"按钮，在弹出的"插入其他字符"对话框中寻找，如图 2-39 所示。

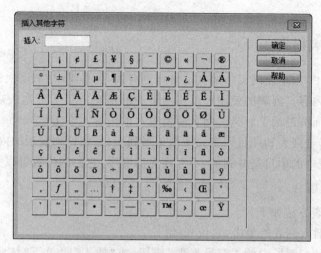

图 2-39　"插入其他字符"对话框

如果所需要的目标字符在 Word 文档中，也可利用"复制"、"粘贴"命令，将该字符粘贴至 Dreamweaver 中。

2.3.3　段落格式

在输入文字时，按 Enter 键，文字则另起一段。此时在 HTML 源文件中会插入段落标志符号<p>。

在输入文字时，按 Shift＋Enter 键，文字则另起一行。此时在 HTML 源文件中会插入行标志符号
，如图 2-40 所示。

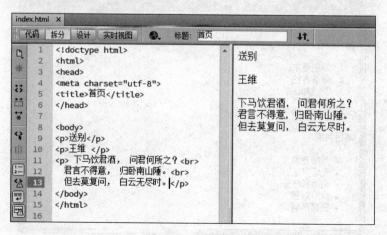

图 2-40　文字输入

注意：在编辑窗口中直接输入的文字，按 Shift＋Enter 键，可以手动进行换行。如果要添加空格，则必须将输入法切换至中文输入状态下的全角形式，此时按空格键，才会奏效。换行和添加空格的操作也可在"插入"栏中的"字符"选项中单击相关按钮，实现该操作。

2.3.4 列表格式

在网页设计中，为了让网页中的文字排列更有效，更具组织性、层次性和可读性，可用列表来排列文本内容。列表的使用可以使网页中的信息一目了然地表现出来，浏览者通过列表可以快速而清楚地了解当前网页所要表达的内容。在 Dreamweaver 中，常用的列表分为两种，有编号列表和项目列表。所谓编号列表，是指该列表项的内容有一定的先后顺序，而项目列表中的项目是并列的，不存在先后顺序，它们的位置可以交换。

1. 设置列表项

创建编号列表方法如下。

（1）在需要插入列表处单击，定位光标。

（2）单击"属性"面板中的"编号列表"按钮，或"插入"菜单下"结构"子菜单中选择"项目列表"按钮。

（3）在出现的项目符号后输入第一个列表项目。

（4）按回车键，Dreamweaver CC 会自动在下一行加上第二项列表序号，从而进入下一条列表项内容的输入。

创建列表还可先输入各项内容，但各项之间必须是以段落来划分的。在选取各项内容后，单击"项目列表"或"编号列表"按钮即可创建列表。项目列表的创建方法和编号列表相同，只是将"属性"面板中的"编号列表"按钮或插入栏"文本"选项中的"编号列表"按钮改为"项目列表"按钮。编号列表与项目列表插入成功后的效果如图 2-41 所示。

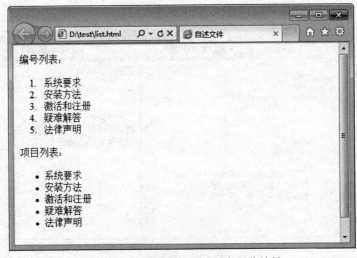

图 2-41 编号列表与项目列表预览效果

2. 修改列表属性

利用"属性"面板的"列表项目"按钮,可以轻松修改列表的类型和样式。修改方法如下。

(1) 将光标定位于列表项中(注意:不要选中列表项),单击"属性"面板的"列表项目"按钮。

(2) 在弹出的"列表属性"对话框中,可对列表类型及样式进行修改。效果如图 2-42 所示。

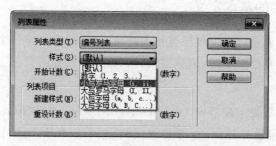

图 2-42　"列表属性"对话框

3. 设置子列表项

有时需要表现不同级别的列表项,这就需要创建子列表项。创建方法:将光标定位在要创建的子列表项内容中,单击"属性"面板的"文本缩进"按钮。如要回到上级列表项中,则可以单击"属性"面板的"文本凸出"按钮,效果如图 2-43 所示。

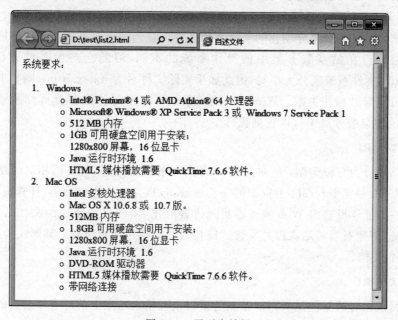

图 2-43　子列表效果

2.4 超链接的运用

超链接是组成网站的基本元素,是它将千千万万个网页组织成一个个网站,又是它将千千万万个网站组织成了风靡全球的 WWW,因此可以说超链接就是 Web 的灵魂。本节首先介绍超链接的基本概念,然后介绍如何创建和管理网页中的超链接。

2.4.1 超链接的基本定义

网页中的超链接就是以文字或图像作为链接对象,然后指定一个要跳转的网页地址,当浏览者单击文字或其他对象时,浏览器跳转到指定的目标网页。

1. 什么是 URL

超链接利用统一资源定位器即 URL(Universal Resource Locator)定位 Web 上的资源。一个 URL 通常包括三部分:一个协议代码,一个装有所需文件的计算机地址(或一个电子邮件地址等),以及具体的文件地址和文件名。

协议表明应使用何种方法获得所需的信息,最常用的协议包括 HTTP(HyperText Transfer Protocol,超文本传输协议)、FTP(File Transfer Protocol,文件传输协议)、mailto(电子邮件协议)、news(Usenet 新闻组协议)、Telnet(远程登录协议)等。

Web 上的计算机实际上是通过数字 IP 地址相连的,而不是通过名称。DNS 名称是一个分层结构。层和层之间以句点分隔,最高层位于域名的最右边。DNS 名称不区分大小写,但通常以小写形式显示。

任何作为站点的一部分创建的文件夹和文件将成为站点服务器计算机中的文件夹和文件。根据运行在站点服务器中的操作系统的不同,可能会产生某些方面的差异。UNIX/Linux 文件系统区分大小写,因此如果实际文件名为 index.html,则要求传送文件 Index.html 会导致操作失败。Windows 文件系统不区分大小写,因此同样的请求在基于 Windows 的站点服务器中可以正确执行。

2. 绝对 URL

文档路径分为三种类型:绝对路径、与根目录相对的路径、与文档相对的路径。

绝对 URL 是指 Internet 上资源的完整地址,包括完整的协议种类、计算机域名(所谓域名是指一个能够反映出 Web 服务器实际位置的化名)和包含路径的文档名,其包含的是精确地址,创建对当前站点以外文件的链接时必须使用绝对路径。其形式为:协议://计算机域名/文档名。

3. 相对 URL

与根目录相对的路径是从当前站点的根目录开始。站点上的所有可公开的文件都存放在站点的根目录下,使用斜杠作为其开始。例如,/dreamweaver/intro.html 将链接到站点根目录下 dreamweaver 文件夹中的 intro.html 文件。

与文档相对的路径是指和当前文档所在的文件夹相对的路径。相对 URL 是指

Internet 上相对于当前页面（即正在访问的页面）的地址，它包含从当前页面指向目的页面位置的路径。例如 public/example.html 就是一个相对 URL，它表示当前页面所在目录下 public 子目录中的 example.html 文档。

当使用相对 URL 时，可以使用与 DOS 文件目录类似的两个特殊符号：句点（.）和双重句点（..），分别表示当前目录和上一级目录（父目录）。

例如，file1.html 指定的就是当前文件夹内的文档；../file1.html 指定的则是当前文件夹上级目录中的文档；htmldocs/file1.html 则指定了当前文件夹下 htmldocs 文件夹中的文档。

📖 提示：在创建和文档相对的路径之前一定要保存新文件，因为在没有定义起始点的情况下，和文档相对的路径是无效的。在文档未被保存之前，Dreamweaver CC 会自动使用以 file：// 开头的绝对路径。

4. 超链接的分类

根据超链接目标文件的不同，超链接可分为页面超链接、锚点超链接、电子邮件超链接等；根据超链接单击对象的不同，超链接可分为文字超链接、图像超链接、图像映射等。

2.4.2 在 Dreamweaver CC 中设置超链接

1. 页面超链接

页面超链接就是指向其他网页文件的超链接，浏览者单击该超链接时将跳转到对应的网页，最为常见。常见的设置超级链接的方法是：选取所需文本或图像，然后单击属性面板中的"链接"域，在其中输入 URL 地址或单击"浏览文件"按钮选取所需文件即可。如果超链接的目标文件位于同一站点，通常采用相对 URL；如果超链接的目标文件位于其他位置（例如 Internet 上的其他网站），则需要指定绝对 URL。

在"目标"下拉菜单中可以设置 4 个保留的超级链接目标，如图 2-44 所示，其意义分别如下。

_blank：将文件载入新的无标题浏览器窗口中。

_parent：将文件载入到上级框架集或包含该链接的框架窗口中。

_self：将文件载入到相同框架或窗口中。

_top：将文件载入到整个浏览器窗口中，将取消所有框架。

图 2-44 "目标"下拉菜单

2. 电子邮件超链接

所谓电子邮件超链接就是指当浏览者单击该超链接时，系统会启动客户端电子邮件程序(例如 Outlook Express)并打开"新邮件"窗口,使访问者能方便地撰写电子邮件。

在文档窗口中要插入锚点的区域定位光标,单击"插入"面板中"常用"选项卡的"电子邮件链接"按钮,在弹出的对话框中输入超链接文字及邮件地址,如图 2-45 所示。

图 2-45 电子邮件链接

若要在图片上附加电子邮件链接,也可选中该对象,然后在属性面板的"链接"栏中输入"mailto:电子邮件地址"。在 mailto:后面不要添加空格。例如,mailto:zhangsan@hotmail.com。按回车键确定。对于 mailto 协议,应在协议后放置一个冒号,然后跟 E-mail 地址;而对于常用的 HTTP 和 FTP 等协议,则是在冒号后加两个斜杠,斜杠之后则是相关信息的主机地址。例如 mailto:somebody@263.net、http://www.microsoft.com、ftp://ftp.go.163.com。

当单击电子邮件超链接后,会自动启动系统自带的邮件客户端,并生成一封新邮件,如图 2-46 所示。

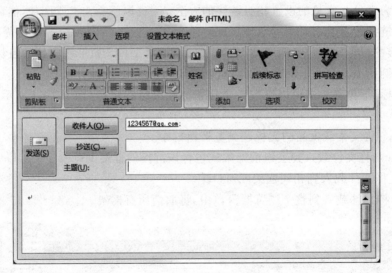

图 2-46 新邮件

3. 其他方式链接

在 Dreamweaver 中除了上述内容所讲到的链接方式外,还有空链接、锚点链接、热点链接和脚本链接,这几种链接方式不再是实现简单意义上网页间的跳转,而是为了赋予链接更多的含义。

空链接：链接地址栏为♯，不会跳转到任何位置，对于附加 Dreamweaver 行为有特殊用处。

锚点链接：可跳转到页面的特定位置。使用锚点链接，需要在代码视图中使用超链接标签<a>的 name 属性添加一个跳转位置，再通过插入超链接的方法将超链接目标指向该跳转位置。

热点链接：把一幅图片划分为不同的热点区域，然后分别为每一个区域插入超链接。

脚本链接：用来执行 JavaScript 代码或调用 JavaScript 函数，对于执行计算、验证表单或处理其他一些任务非常有用。

例如，在属性面板的"链接"框中输入"javascript:"后接 JavaScript 代码或函数调用。即在"链接"域中输入 javascript: alert('欢迎光临')。保存网页后预览，会在单击超链接后出现弹出框，提示文字为"欢迎光临"。

📖提示：因为 JavaScript 代码出现在双引号之间，因此在脚本代码中必须使用单引号或在双引号之前加斜杠。例如，\"欢迎光临\"。

2.4.3　超链接的颜色

在"页面属性"对话框的"链接 CSS"项中可以对链接的文字进行字体格式的设置，同时还可以对文字不同链接状态设置不同的颜色。链接颜色用于设置未访问过的超链接文字颜色，变换图像链接用于设置鼠标经过该超链接时文字的颜色，已访问链接用于设置文档中已经访问过的超级链接的文字颜色，活动链接用于设置文档页面中正在访问的超级链接的文字颜色。在 Dreamweaver CC 版中还特别加入了"下画线样式"项，如图 2-47所示。

图 2-47　超链接颜色

2.5　综　合　案　例

2.5.1　项目说明

使用 Dreamweaver 可以很方便地做出网页，下面以创建一个简单的文本网站为例，该网站包含三张网页，主题为"舌尖上的中国"。在本例中，使用了文本输入、超链接、版权说明等功能，在后续章节中，我们将逐步为该网站添加更多功能与内容。

2.5.2　设计过程

（1）在 Dreamweaver CC 中创建新的站点，并新建 index. html 作为首页，编辑 index. html 为其添加背景颜色或背景图、文档标题、文档内容、导航条、水平线、版权信息等内容，预览效果如图 2-48 所示。

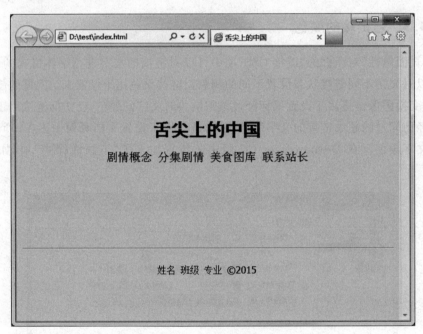

图 2-48　"舌尖上的中国"首页

制作要点：

① "舌尖上的中国"6 个字为内容标题，需在"属性"面板中设置为"标题 1"格式，如图 2-49 所示。

② 导航条包含 4 个超链接，每个导航条直接使用一个空格隔开，可暂时不制作超链接，等完成后续页面后再完善超链接地址。

（2）新建 2jqgn. html，制作"剧情概念"页面，编辑该页面，添加背景色或背景图、文档标题、文档内容、返回首页超链接等，预览效果如图 2-50 所示。

图 2-49　"标题"格式设置方法

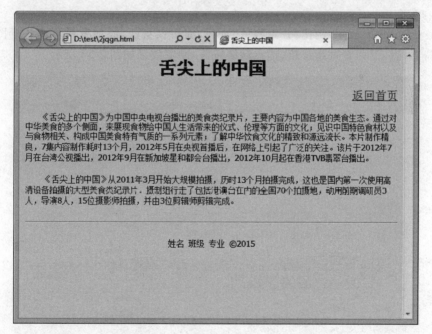

图 2-50　"舌尖上的中国"剧情概念页面

制作要点：

①"返回首页"超链接将链接至 index.html，且向右对齐，如图 2-51 所示。

② 两个文字段落都有首行缩进，在此处使用了"插入"面板的"字符"下拉选项中的"不换行空格"，实际需要的空格数量，以浏览器预览效果为准。

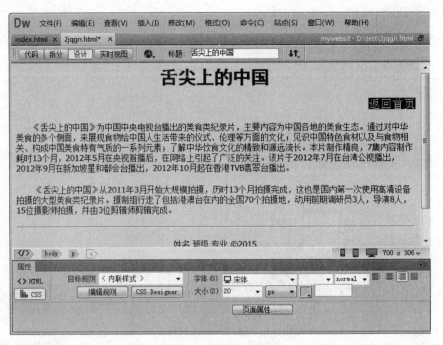

图 2-51   文本右对齐

（3）新建 3fjjq.html，制作"分集剧情"页面，编辑该页面，添加背景色或背景图、文档标题、文档内容、返回首页超链接、锚点超链接等，预览效果如图 2-52 所示。

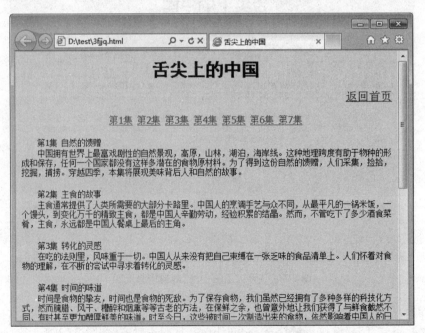

图 2-52   "舌尖上的中国"分集剧情页面

在使用 Dreamweaver CC 设计网页时，如果要插入锚点链接，首先需要在代码视图中

使用超链接标签＜a＞的 name 属性添加一个链接位置,再通过插入超链接的方法将链接位置指向该位置,具体操作如下:

① 单击"拆分"按钮切换到代码→视图的拆分视图,在代码中将文本插入点定位到需要添加锚点的位置处,这里将定位在"第 1 集 自然的馈赠"文本前后,输入"＜a name＝"no1"＞第 1 集 自然的馈赠＜/a＞"代码。在文档窗口即显示出一个黄色锚记标识,该标记仅编辑状态下可见,预览时是看不见的,如图 2-53 所示。

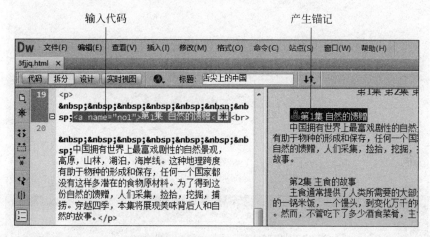

图 2-53　输入代码生成锚记

② 选中次级导航"第 1 集"文本,在"属性"面板的 HTML 选项卡下,"链接"输入域中输入♯no1,即可实现页面内的锚点超链接,如图 2-54 所示。

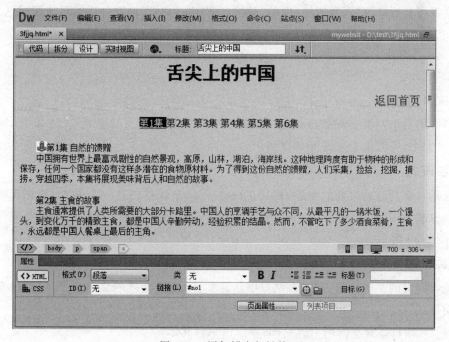

图 2-54　添加锚点超链接

（4）为首页 index. html 的导航条制作完成超链接，同时为"联系站长"制作电子邮件超链接。选中"联系站长"，在"属性"面板的"链接"输入框中输入"mailto：邮箱地址"，即可完成电子邮件超链接，如图 2-55 所示。

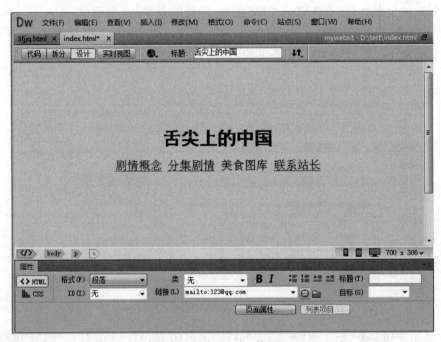

图 2-55　添加电子邮件超链接

读者可自行修改"页面属性"中的"链接(CSS)"，为站点设置合适的超链接配色。

本 章 实 训

【实训 1】

制作第一个网页 index. html，提示欢迎信息，并修改网页背景色、文本颜色、网页标题、窗口大小，可根据个人喜好自行制作。

【实训 2】

选择一个自己感兴趣的主题，使用 Dreamweaver 软件创建一个站点，并在其中建立 images 文件夹、flash 文件夹、sound 文件夹和 index. html 文件，自行设计站点文件夹结构，如图 2-56 所示。

【实训 3】

练习网页的文本编辑方法，在站点中新建文件，选择合适的文字及图片，编辑至如下要求的样式：

（1）选择自己喜欢的网页背景图，修改网页背景图。

（2）标题格式：标题 1；字体：黑体；颜色自行设计。

（3）正文字体：仿宋体；字体大小、颜色自行设计。

（4）分别制作锚点超链接与"回到顶部"超链接。

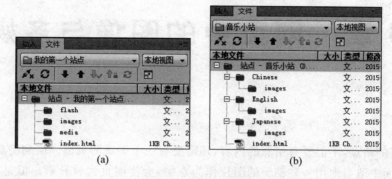

图 2-56 站点目录参考

第 3 章　网页中的图像与多媒体

一个好的站点,不但要有精彩的内容,还需要有一个美观的页面。谈到美观就离不开图片,在页面中适当地用一些精美的图片作为点缀,会使网页大放异彩。但是,图片使用不当,也会适得其反,把网页的访问者给吓跑。

3.1　图像的一般知识

3.1.1　矢量图与位图

在图像处理过程中,用户需要区分矢量图和位图。

1. 矢量图

矢量图形使用称为矢量的线条和曲线(包括颜色和位置信息)描述图像。例如,一个椭圆的图像可以使用一系列的点(这些点最终形成椭圆的轮廓)描述;填充的颜色由轮廓(即笔触)的颜色和轮廓所包围的区域(即填充)的颜色决定。

矢量图对于设计来说可是个好东西,设计者再不用考虑一些图片精度方面的要求了,而且里面的内容都可以作为单独的部分随意地修改,实在是不错!

2. 位图

位图图形由排列成网格的称为像素的点组成。例如,在一个位图的椭圆图形中,图像由网格中每个像素的位置和颜色值决定;每个点被指定一种颜色;在以正确的分辨率查看时,这些点就像马赛克那样拼合在一起形成图像。

如图 3-1 所示为矢量图与位图在放大 8 倍后的对比。

3.1.2　图像格式

图片是页面内最常见的元素之一。图片可以插在 HTML 代码中,也可以使用 CSS 设置成元素的背景图片,而根据图片的格式不同,其适用的地方也不太相同。

在后面的章节中将使用 Fireworks 对设计效果图进行拆分、切片和输出,因此下面将结合 Fireworks 进行相应的讲解。

(1) 启动 Fireworks CS6,选择"文件"→"打开"(或者按 Ctrl+O 键)打开"打开"文件对话框,如图 3-2 所示。

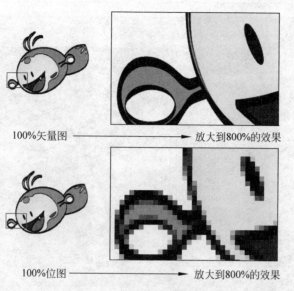

图 3-1　矢量图与位图对比

图 3-2　Fireworks CS6"打开"对话框

（2）选择一张图片文件，单击"确定"按钮打开此文件。

（3）选择"文件"→"图像预览"命令（或者按快捷键 Ctrl＋Shift＋X），打开"图像预览"对话框，如图 3-3 所示。

图 3-3   Fireworks CS6"图像预览"对话框

1. JPG/JPEG 图片

JPEG 格式是按 Joint Photographic Experts Group(联合图片专家组)指定的压缩标准产生的压缩格式,属 J-PEG File Interchange Format,可以用不同的压缩比例对文件进行压缩,这是到目前为止比较好的图像压缩技术,属于有损压缩。质量越高,则文件越大,质量越低,则文件越小。JPG 图像支持真彩色,所以常用于具有全彩的连续色调图像。

设置"图像预览"对话框中的选项,如图 3-4 所示,并观察右边预览图的变化。

图 3-4   在"图像预览"对话框中设置 JPEG 文件质量

JPEG 图像是网页上最常出现的图像格式之一,文件扩展名为.jpg,而且浏览器都支持这种格式的图片文件。

2. 静态 GIF 图片

GIF(Graphics Interchange Format,图形交换格式)这种格式是由 CompuServe 公司设计的,分为 87a 及 89a 两种版本,存储格式有 1~8 位。这是专用于网络传输的文件格式,许多平台都支持 GIF。

GIF 支持 24 位彩色,"索引色"格式文件,由一个最多 256 种颜色的调色板实现,图像大小最多是 64K×64K 个像素点。

设置"图像预览"对话框中的选项,如图 3-5 所示,并观察右边预览图的变化。

图 3-5　在"图像预览"对话框中设置 GIF 文件质量

"颜色数":由于 8 位存储格式的限制,使其不能存储超过 256 色的图像,而且对于不同的调色板图像的颜色会有很大偏差。颜色数越多,图像越接近原始效果,同时文件字节数也越大。

"失真":失真百分比越大,文件字节数越小,图片质量也越差。

"抖动":抖动百分比越大,图片的颜色过渡越自然,同时文件字节数也越大。

GIF 图片不支持渐变透明,如图 3-6 所示。

"索引色透明":图片内和选择的颜色相同的颜色区将是透明的。

"Alpha 透明":真正意义的 Alpha 透明,只有 PNG 图片支持,而对于 GIF 图片,则需要优化选项中的"Alpha 透明"。

相对来说,GIF 图形的质量比 JPG 图像要差一些。JPG 图像不支持透明属性,而

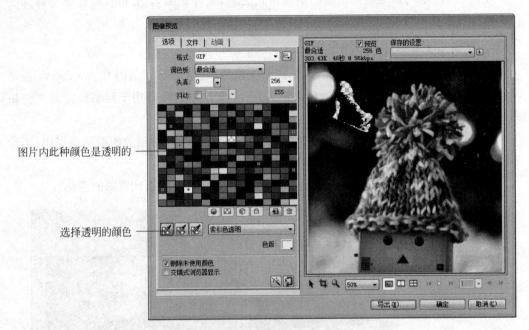

图片内此种颜色是透明的

选择透明的颜色

图 3-6   GIF 图片的"透明"选项

GIF 图形支持背景透明。JPG 图像不支持动画,而 GIF 图形支持动画。GIF 文件的后缀名为.gif,动画和静态图片的后缀名是一样的。

3. GIF 动画

上文中提到,GIF 支持多图像的定序或覆盖,并分为 87a 及 89a 两种版本,其中 89a 是制作 2D 动画软件 Animator 早期支持的文件格式,所以该格式被广泛使用来制作动画。

GIF 动画的原理就是在一个文件内存储多帧(Frames)图像,然后按顺序显示,同时还可以设置每帧的延时时间。GIF 动画目前仍被广泛使用,例如 QQ 表情动画文件就是 GIF 动画,它不需要安装播放插件就可以在各种浏览器内显示。

4. PNG 图片

PNG(Portable Network Graphic)是一种新兴的网络图形格式,结合了 GIF 和 JPEG 的优点,像 GIF 一样无损压缩,像 JPEG 一样拥有一百多万种颜色,具有存储形式丰富的特点。PNG 最大色深为 48b,采用无损压缩方案存储,而且能够显示带透明度的 Alpha 通道,PNG 是 Fireworks 默认的文件格式,如图 3-7 所示。

目前并不是所有的浏览器都支持 PNG 文件,所以其应用范围远远比不上 JPED 和 GIF 图片。例如 Firefox 和 Opera 都支持 Alpha 透明的 PNG 文件,但是 IE7 以下版本都不支持,用 IE6 浏览带 Alpha 透明的 PNG 图片,其效果如图 3-8 所示。

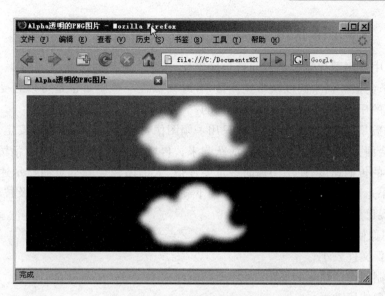

图 3-7　用 Firefox 浏览 PNG 图片

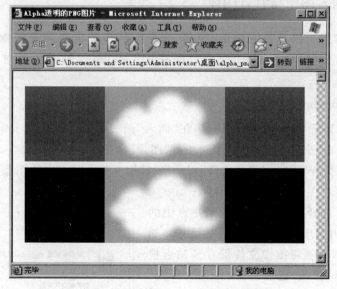

图 3-8　用 Windows IE 6.0 浏览 PNG 图片

3.2　在网页中使用图像

　　图像具有直观、生动的特点，灵活地使用图像可以表达一些文字所无法表达的东西，能使网页页面更加丰富多彩。

3.2.1　Web 图像使用要点

在网页中使用图片需要从访问者角度出发,考虑一系列的注意点,为了减少访问者的等待时间、节约服务器空间以及带宽流量,有时候牺牲一些质量也是可以忍受的,而且对于最高质量的压缩比,是几乎看不出损失的。

图像的数量是根据内容决定的。只用一幅图像,会使内容突出、页面安定。增加一幅图像,页面会因为有了对比和呼应而活跃起来。再增加一幅,则更加热闹、活泼。但是,限于目前网络的传输速度,使用图像时一定要谨慎,大的图像会降低页面显示速度,即使是小图像,如果运用数量过多,同样会使页面下载速度变慢。随着网络环境及技术条件的改善,这种情况已经有了很大的改观。

Web 图像使用要点如下:

(1) 确保文件较小;

(2) 控制图像的数量和质量;

(3) 合理使用动画。

3.2.2　插入图像与背景图像

插入图像位置可以是普通段落、表格、表单、层,以及设置背景图像等。将图像插入 Dreamweaver 中时,Dreamweaver 会自动在 HTML 源代码中生成对该图像文件的引用。

1. 在 Dreamweaver 中插入图像

(1) 将光标置于要插入图像的位置,在"插入"面板的"常用"选项卡中单击"图像"选项卡下的"图像"按钮或选择"插入"菜单中的"图像"命令。

(2) 此时将打开"选择图像源文件"对话框,选取存放在站点中的图像文件,最后单击"确认"按钮即可将图片插入到指定区域。

(3) 如果所选择的图像文件不是站点中的文件,则将打开 Dreamweaver 的对话框,如图 3-9 所示,提示是否将图像文件保存到站点根目录下,单击"是"按钮,然后打开"拷贝文件为"对话框,定位到站点中用于存放图像文件的文件夹,最后单击"保存"按钮即可。

2. 在 Dreamweaver 中设置背景图像

在网络上浏览页面时,经常会看到一些网页的背景是一张图像,而不是单纯的颜色,在 Dreamweaver 中设置背景图像的方式如下。

图 3-9　提示将图像文件保存到
　　　　站点根目录下

(1) 选择"属性"面板的"页面属性"按钮或执行"修改"→"页面属性"命令,打开"页面属性"对话框,如图 3-10 所示。

（2）单击"背景图像"后的"浏览"按钮，弹出"选择图像源文件"对话框，如图 3-11
所示。

图 3-10　"页面属性"设置对话框

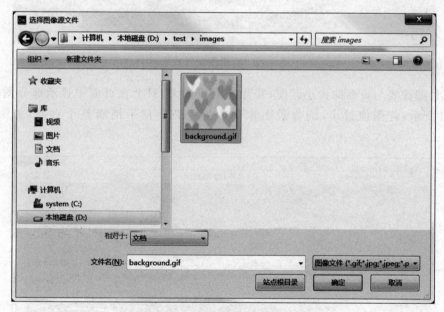

图 3-11　"选择图像源文件"对话框

（3）在图 3-11 中选择背景图像的路径，然后单击"确定"按钮。

（4）如果所选择的图像文件不是站点中的文件，则将打开 Dreamweaver 对话框，如
图 3-9 所示，提示是否将图像文件保存到站点根目录下，单击"是"按钮，然后打开"拷贝
文件为"对话框，定位到站点中用于存放图像文件的文件夹，最后单击"保存"按钮
即可。

（5）回到"页面属性"对话框后，单击"确定"按钮回到页面。页面的背景已经应用了
图像，如图 3-12 所示。

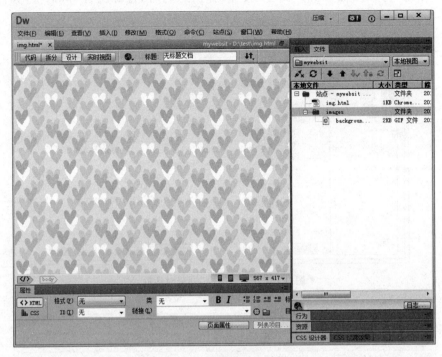

图 3-12　背景图设置效果

　　背景图像要与页面的大小匹配,若背景图像过大,只会在页面中显示部分图像,如图 3-13 所示;若图像过小,则背景图像会像铺瓷砖一样平铺满整个页面,如图 3-14 所示。

图 3-13　背景图像大小不合适(过大)

图 3-14　背景图像大小不合适(过小)

3.2.3　修改图像属性

将图像插入指定位置后,可以使用"属性"面板设置图像的属性,如图 3-15 所示。

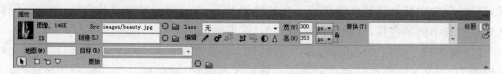

图 3-15　图像属性面板

ID:允许命名图像,这样就可以使用脚本语言。

Src:指定图像的源文件。

"链接":指定图像的超级链接。

Class:图片附带的 CSS 样式类名。

"编辑":载入指定的图像编辑器并在该图像编辑器中打开选定的图像。

"宽"和"高":在页面载入时为页面上的图像预留空间。

"替换":指定出现在图像位置上的可选文字。

"地图":允许创建客户端图像映射。

"目标":指定链接页面应该载入的框架或窗口。

"原始":为图片指定 Photoshop 源文件路径。如果该图片与 Photoshop 源文件不同步,则表明 Dreamweaver 检测到原始文件已经更新,可在"设计"视图中选择图片并右击"从源文件更新"按钮,图片将自动更新。

3.3 其他图像元素

在网页中,不仅可以插入图像文件,还可以插入其他图像元素,如插入图像热区、插入鼠标经过图像等。

3.3.1 图像链接与图像映射

1. 图像超链接

当浏览网页,鼠标指针经过某些文本、图像时,文本或图像的形状会发生变化,提示浏览者这部分文本是有链接的,此时单击鼠标,会打开连接所指向的内容,这就是超链接。

在网页中指定图像作为超链接非常简单,步骤如下。

(1) 在文档窗口中,单击插入的图像,然后在"属性"面板中的"链接"文本框旁单击"浏览文件"按钮。

(2) 打开"选择文件"对话框,定位到要跳转的文件后单击"确认"按钮即可。

2. 图像映射

图像映射就是指在一幅图像中定义若干个区域(这些区域被称为热点),每个区域中指定一个不同的超链接,当单击不同区域时可以跳转到相应的目标页面。

为图像创建链接中,有这样几种情况:图片比较大、要创建链接的区域是不规则区域或是只给图片中部分区域创建链接。在这种情况下,可以将图片分成几个区,单击不同的区可以打开不同的链接,这样的链接就称为"图形映射"。

【实例 3-1】 使用 Dreamweaver CC 制作一个含有图形热点链接的网页,在网页文档中图像的 DOWNLOAD 区域内创建一个矩形热点链接,链接到 index. html,"替换"输入框为"下载"。

(1) 执行"文件"→"新建"命令或按 Ctrl＋N 键,打开"新建文档"对话框,新建一个基本 HTML 网页文档。

(2) 执行"插入"→"图像"命令,在网页文档中插入如图 3-16(a)所示的原图。

(3) 选中插入的图像后,单击"属性"面板中的矩形按钮▢。

(4) 在图像中的 DOWNLOAD 部分上拖动鼠标,创建一个矩形热点,如图 3-16(b)所示。

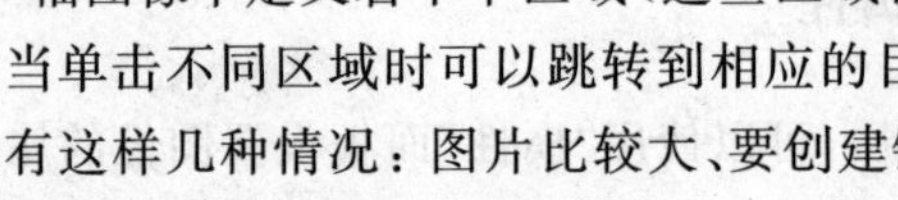

(a)插入原图   (b)创建图像热点链接

图 3-16　插入原图并创建图像热点链接

(5) 选择创建的矩形热点,在其"属性"面板的"链接"文本框中输入"index. html",在"替换"输入框中输入"下载",如图 3-17 所示。

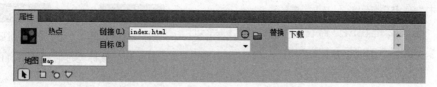

图 3-17 设置矩形热点属性

3.3.2 制作鼠标经过图像

图像的变换效果是指当站点访问者将鼠标移动到图像上时,图像发生变化。鼠标移出图像时,图像又可以还原。"图像变换"实际上使用了两幅图像,即页面首次载入时显示的图像(也叫原始图像)和鼠标移动到初始图像上时显示的图像(也叫鼠标经过图像)。

鼠标经过图像就是指当访问者的鼠标经过图像时,图像变为另一幅图像;而鼠标离开时,图像又恢复为原始图像。它由两幅图像组成,即首次载入时显示的图像即原始图像和鼠标经过后翻转的图像即鼠标经过图像。在创建鼠标经过图像时应使用相同大小的两幅图像,可以使用 Fireworks 或 Photoshop 等图像处理软件制作出要用的图像。一般鼠标经过图像通常用于按钮导航。

制作鼠标经过图像的步骤如下。

(1)将插入点定位到要插入鼠标经过图像的区域,然后在"插入"面板的"常用"选项卡中单击"图像"选项卡下的"鼠标经过图像"按钮。

(2)打开"插入鼠标经过图像"对话框,如图 3-18 所示。

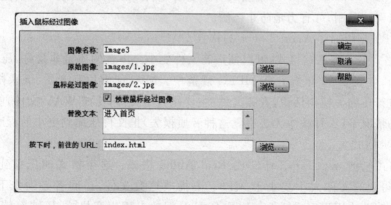

图 3-18 插入鼠标经过图像

在"图像名称"文字框内输入翻转图像的名称;单击"原始图像"文本框后的"浏览"按钮,然后在"原始图像"对话框中选取作为初始图像的图片文件后单击"确认"按钮;单击"鼠标经过图像"文本框后的"浏览"按钮,然后在"鼠标经过图像"对话框中选取作为鼠标经过图像的图片文件后单击"确认"按钮;确保选中"预载鼠标经过图像"复选框;在"替换文本"文本框内输入替换文字;在"按下时,前往的 URL"文本框中指定目标文件的地址,最后单击"确定"按钮。

（3）按 F12 键在浏览器窗口中查看鼠标经过图像效果，如图 3-19 所示。

(a) 鼠标经过前效果　　(b) 鼠标经过后效果

图 3-19　鼠标经过前后效果对比

3.4　在网页中插入多媒体

多媒体技术的发展使网页的设计者能轻松自如地在网页中加入声音、动画、视频等内容，使网页变得生动、形象，吸引众多的浏览者驻足。

3.4.1　常用的音频、视频格式

1. 音频格式

（1）WAV(Waveform Extension)格式

WAV 格式是微软公司开发的一种声音文件格式，也叫波形声音文件，是最早的数字音频格式，被 Windows 平台及其应用程序广泛支持。WAV 格式的文件具有很好的声音质量，可以被绝大多数浏览器所支持，并且不需要插件。但是，WAV 格式有一个最大的缺陷：文件量过大，一般不用于网络传输。

（2）WMA(Windows Media Audio)格式

WMA 格式也是微软专用的声音格式，可用 Windows Media Player 播放，压缩率较高，音质还可以，可用于网络。WMA 格式是以减少数据流量但保持音质的方法来达到更高的压缩率目的的，其压缩率一般可以达到 1：18。此外，WMA 还可以通过 DRM (Digital Rights Management)方案加入防止复制，或者加入限制播放时间和播放次数，甚至是播放机器的限制，可有力地防止盗版。

（3）MP3(MPEG-1 Audio Layer 3)格式

MP3 格式是一种压缩格式，可以使声音文件变小。声音的质量非常好，压缩率较高，网上很流行，它在 1992 年合并至 MPEG 规范中。MP3 能够以高音质、低采样率对数字音频文件进行压缩。换句话说，音频文件(主要是大型文件，比如 WAV 文件)能够在音质丢失很小的情况下(人耳根本无法察觉这种音质损失)把文件压缩到更小的程度。

（4）RM 格式

RM 格式包括.ra、.ram、.rpm 或 Real Audio 格式：这类格式的压缩比例要高于 MP3，因此得到的文件大小要小于 MP3。要播放这类文件，访问者必须先下载和安装 RealPlayer 辅助应用程序或插件。这是 Real 公司的专用声音格式，压缩率较高，一度曾经非常流行。RealAudio 是由 Real Networks 公司推出的一种文件格式，最大的特点就是可以实时传输音频信息，尤其是在网速较慢的情况下，仍然可以较为流畅地传送数据，因此 RealAudio 主要适用于网络上的在线播放。现在的 RealAudio 文件格式主要有 RA (RealAudio)、RM(RealMedia，RealAudio G2)、RMX(RealAudio Secured)等，这些文件的共同性在于随着网络带宽的不同而改变声音的质量，在保证大多数人听到流畅声音的前提下，令带宽较宽敞的听众获得较好的音质。

（5）MIDI（Musical Instrument Digital Interface）格式

MIDI 格式只能保存乐器的声音，不能保存其他声音，文件很小，比较特殊，5 分钟的音乐只有几十千字节。MIDI 文件可以被所有的浏览器所支持，并且不需要插件。MIDI 文件无法录制，只能由计算机系统上的特殊硬件和软件合成。MIDI 又称作乐器数字接口，是数字音乐/电子合成乐器的统一国际标准。它定义了计算机音乐程序、数字合成器及其他电子设备交换音乐信号的方式，规定了不同厂家的电子乐器与计算机连接的电缆和硬件及设备间数据传输的协议，可以模拟多种乐器的声音。MIDI 文件就是 MIDI 格式的文件，在 MIDI 文件中存储的是一些指令。把这些指令发送给声卡，由声卡按照指令将声音合成出来。一般用于背景音乐。

（6）AIF（Audio Interchange File Format）格式

AIF 格式和 WAV 格式一样，具有很好的声音质量，可以在绝大多数的浏览器中播放，并且不需要插件，但文件量过大。文件后缀名为 .aif。

以上介绍的 6 种音频格式都可以在网页中使用，可嵌入相应播放器支持，另外还有一些其他音乐格式，如 CD 格式、MP4 格式、MD 格式等都属于非网页音频格式，不可以在网页中播放。

2. 视频格式

（1）WMV（Windows Media Video）格式

WMV 是微软推出的一种流媒体格式，它是在"同门"的 ASF（Advanced Stream Format）格式升级延伸来的。在同等视频质量下，WMV 格式的体积非常小，因此很适合在网上播放和传输。

（2）ASF（Advanced Stream Format）格式

ASF 是微软针对 Real 公司开发的一种使用了 MPEG-4 压缩算法的，可以在网上实时观看的流媒体格式。该压缩算法可以兼顾高保真以及网络传输的要求。

（3）RMVB

RM（Real Media）格式是 Real Networks 公司开发的一种流媒体文件格式，RMVB 中的 VB 是指 Variable Bit Rate（可变比特率，简称 VBR），该格式使用了更低的压缩比特率，这样制成的文件体积更小，而且画质并没有太大的变化。

（4）AVI（Audio Video Interleaved）格式

AVI 称为音频视频交错格式，是将音频和视频同步组合在一起的多媒体文件格式。AVI 对视频文件采用了一种有损压缩方式，压缩比较高，但是应用得比较广泛，例如时下流行的 DVDRip，就是通过 DivX 压缩技术将 DVD 中视频、音频压缩为 AVI 文件的。

由于 AVI 格式使用的压缩方法没有统一标准，可能还要安装专门的解码器后才能播放，Real 公司的微软公司的播放器均可播放，一把钥匙开一把锁，不同的编码器生成不同的 AVI。

（5）MPEG（Moving Picture Experts Group）格式

MPEG 称为运动图像专家组标准，是一种从数字音频和视频发展起来的压缩编码标准，包括 MPEG 音频、MPEG 视频和 MPEG 系统三个部分。在多媒体数据压缩标准中，采用比较多的 MPEG 标准有 MPEG-1（VCD 采用该标准）、MPEG-2（DVD 采用该标准）、

MPEG-4。常见的 MPG 格式也是 MPEG 的一种,可以看作是它的缩写。

（6）Flash 格式

流行的 Flash 动画,支持交互,一般使用浏览器可直接播放。

3.4.2 添加背景音乐

决定按某种方法将某种声音添加到网页之前,需要考虑以下因素:添加声音的目的、受众的情况、文件大小、声音质量以及在不同浏览器中的差异等。不同浏览器对于声音文件的处理是不一样的。要使声音尽量保持一致,可以考虑将声音文件保存为 SWF 文件。

背景音乐是体现网页个性和风格的一种常用手段,但由于背景音乐并不是一种标准的网页属性,所以需要通过修改源代码的方式为网页添加。

1. 方法

（1）打开要添加背景音乐的网页,切换到代码视图或拆分视图。

（2）在＜head＞和＜/head＞之间添加以下代码:＜bgsound src="背景音乐的 URL" loop="循环次数" /＞,如图 3-20 所示。

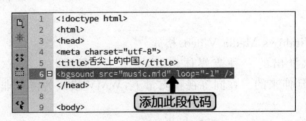

图 3-20　添加背景音乐

在网页中支持 WMA、MP3、MID、WAV、RM 及 AIF 格式,bgsound 标记符的基本属性是 src,用于指定背景音乐的源文件路径。另外一个常用属性是 loop,用于指定背景音乐重复播放的次数;如果不指定该属性,则背景音乐无限循环。一般推荐使用 MID 格式的音乐文件,因为文件比较小,下载比较快。

（3）按 F12 键,在浏览器窗口中预览背景音乐的效果。

2. 注意点

用＜bgsound＞制作的背景音乐有以下两个特点。

（1）当窗口最小化时,声音会停止,恢复窗口大小时,从断点继续播放。

（2）＜bgsound＞是微软的私有网页标记,只被 IE 所支持,其他浏览器可能不支持。

使用上述方法可以方便地在网页中插入背景音乐,但考虑到网页的下载速度,所以在使用时要注意文件的大小。

3.4.3 添加 Flash 动画

Flash 动画是将音乐、声效、动画以及富有新意的界面融合在一起,以制作出高品质的网页动态效果。

插入 Flash 动画的具体操作方法如下：

（1）将光标置于要插入图像的位置，单击"插入"菜单，在弹出的菜单中选择"媒体"选项，在弹出的子菜单中选择 Flash SWF 选项，如图 3-21 所示。

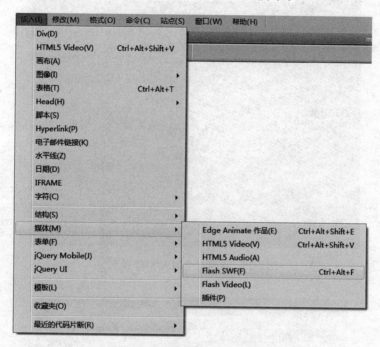

图 3-21 选择 Flash SWF 选项

（2）在打开的"选择 Flash SWF"对话框中找到文件的保存路径，选择需要的 Flash 文件，单击"确定"按钮。

（3）在打开的"对象标签辅助功能属性"对话框中设置 Flash 文件的标题，如图 3-22 所示。

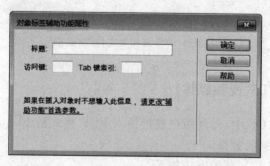

图 3-22 "对象标签辅助功能属性"对话框

（4）SWF 文件插入成功，如图 3-23 所示。保存网页，在打开的"复制相关文件"对话框中单击"确定"按钮确认复制 Flash 所需的支持文件，如图 3-24 所示。

（5）按 F12 键，在浏览器窗口中预览 Flash 动画播放的效果。

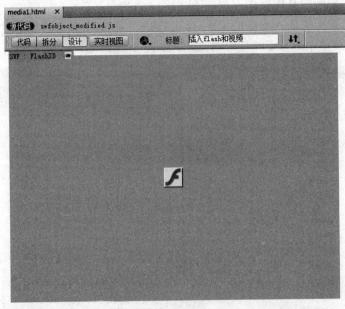

图 3-23 在网页中插入 SWF 文件

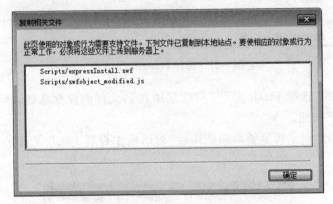

图 3-24 "复制相关文件"对话框

3.4.4 添加 FLV 视频媒体

在 Dreamweaver CC 中，允许用户直接插入 FLV 格式的 Flash 视频，从而实现不用安装插件也能播放视频的效果。

在网页中插入 FLV 视频的方法如下。

（1）将光标置于要插入图像的位置，单击"插入"菜单，在弹出的菜单中选择"媒体"命令，在弹出的子菜单中选择 Flash Video 命令，如图 3-25 所示。

（2）在打开的"插入 FLV"对话框中单击"URL："输入框后的"浏览"按钮，选择需要插入的 FLV 视频文件，如图 3-26 所示。

（3）在返回的对话框中设置播放器的外观，可根据下拉菜单的 9 种不同样式自行选

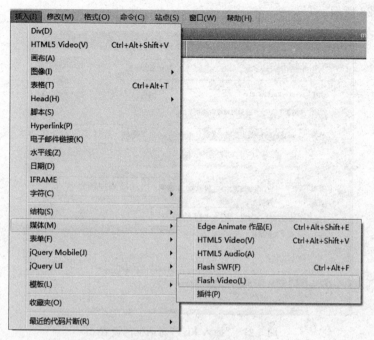

图 3-25　选择 Flash Video 选项

图 3-26　选择 FLV 文件

择。单击"检测大小"按钮，Dreamweaver 将自动检测视频的宽度和高度，并自动填充至宽度和高度的输入框。勾选"自动播放"，视频将在浏览网页时自动播放，不需要单击播放按钮,如图 3-27 所示。

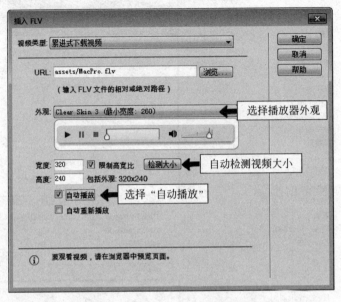

图 3-27 "插入 FLV"对话框的设置

(4) FLV 文件插入成功,如图 3-28 所示。保存网页,在打开的"复制相关文件"对话框中单击"确定"按钮确认复制 Flash 所需的支持文件,如图 3-24 所示。按 F12 键,在浏览器窗口中预览 FLV 视频播放的效果。

此时观察本地站点目录,会发现自动生成了两个 SWF 文件,如图 3-29 所示。这两个文件是浏览器播放 FLV 视频时需要加载的播放器插件和外观插件,千万不可误删!

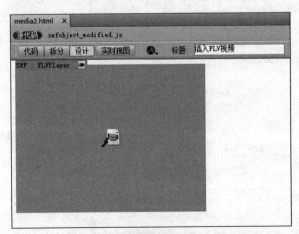

图 3-28 在网页中插入 FLV 文件

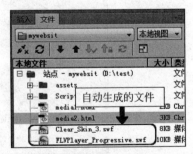

图 3-29 站点中自动生成
两个 SWF 文件

3.5　综合案例

3.5.1　项目说明

下面为第 2 章的"舌尖上的中国"添加更多功能与内容,完成一个图文并茂的小型网站,其中除了前面已完成的"首页"、"剧情概念"、"分集剧情"、"联系站长"外,添加"美食图库"、"美味视频"两个新页面,并将"回到首页"的文字超链接修改为鼠标经过图像效果。

3.5.2　设计过程

制作要点如下。

(1) 为首页 index. html 添加插图,并添加新的导航条栏目。在标题与导航条之间插入空白行,在"插入"面板的"常用"选项卡中单击"图像"选项卡下的"图像"按钮,选择合适插图,调整"页面属性"中的"链接(CSS)",修改文字超链接默认配色与下画线效果,如图 3-30 所示,读者可根据主题自行配色。首页最终预览效果如图 3-31 所示。

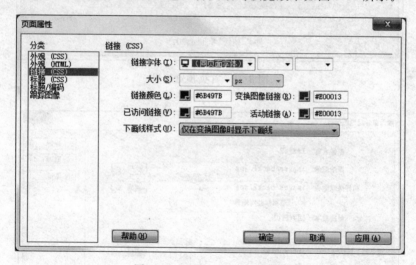

图 3-30　配置文字超链接效果

(2) 打开 2jqgn. html 页面,将原来的"回到首页"超链接删除,替换为"鼠标经过图像"效果,设置过程如图 3-32 所示。

按 F12 键预览该页面,效果如图 3-33 所示。对 3fffq. html 实现相同操作。

(3) 在站点中新建 gallery. html 页面,为该页面添加标题、返回首页按钮,并逐个添加 10 张美食照片,预览效果如图 3-34 所示。

(4) 在站点中新建 video. html 页面,为该页面添加标题、返回首页按钮,并插入 FLV 视频,可根据屏幕分辨率等比例修改视频大小,预览效果如图 3-35 所示。

图 3-31　首页预览效果

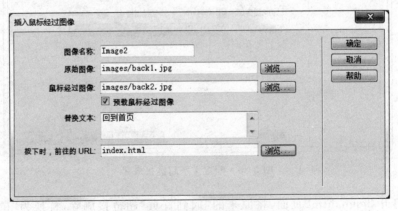

图 3-32　插入"鼠标经过图像"

（5）完成首页及各页面之间的超链接，确保每张网页已设置网页标题，且所有图片及超链接无误，完成该站点的设计与制作。

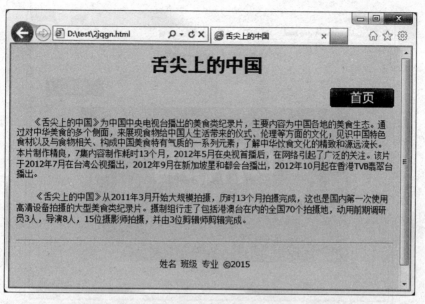

图 3-33　"剧情概念"页面预览效果

图 3-34　"美食图库"页面预览效果

图 3-35 "美味视频"页面预览效果

本 章 实 训

【实训 1】

利用 Fireworks 软件,学会如何将图片导出为不同格式,并比较不同格式的图片在网页中使用的区别。

【实训 2】

熟练各种图片制作技巧,制作一个图书收藏小网站,自行收集素材,具体要求如下:

(1)网站功能包括"首页"、"图书分类"、"热门排行"、"封面图库欣赏"、"联系站长"等。

(2)网站中可利用图片热点链接、鼠标经过图像及多媒体等技术,实现多样效果。

第4章 使用表格

表格布局已经有很多年历史了，在 HTML 和浏览器还不很完善的时代，要想让页面内的元素能有一个比较好的格局是比较麻烦的事情，由于表格不仅可以控制单元格的宽度和高度，而且可以互相嵌套，所以为了让各个网页元素能够放在预设的位置，表格就成为网页制作者的得力工具。现今的网页设计已基本抛弃了表格布局，表格回归了它的本职任务，成为承载行列数据的最佳工具。

4.1 插入表格

4.1.1 表格的基本构成

表格是网页设计制作中不可缺少的元素，它可将各类网页元素有序地显示在页面上。表格由三个基础部件构成。

- 行：水平空间。
- 列：垂直空间。
- 单元格：行列相交时获得的空间。

整张表格的边缘称为边框，单元格中的内容和边框之间的距离称为单元格边距（CellPad），单元格和单元格之间的距离称为单元格间距（CellSpace），如图 4-1 所示。

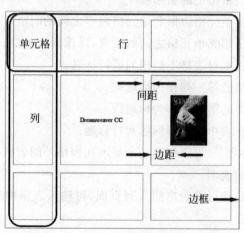

图 4-1　表格示意图

4.1.2 创建和选择表格

1. 创建表格

插入表格的位置必须是从一个新行开始,并且表格独占一行。

(1)将光标置于要插入表格的位置,在"插入"面板的"常用"选项卡中单击"表格"按钮或选择"插入"菜单中的"表格"命令。

(2)此时将打开"表格"对话框,如图4-2所示,根据需求设置表格初始属性。

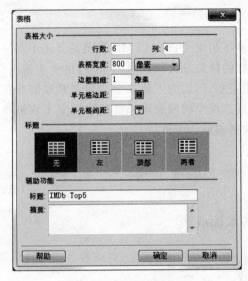

图4-2 "表格"对话框

"表格"对话框中的参数含义如下。

"行数"和"列":插入表格的行、列数。

"表格宽度":设置以像素或浏览器窗口百分比为单位的表格宽度。

"边框粗细":指定表格边框的粗细程度。

"单元格边距":指定单元格边框和单元格内容之间的间距,以像素为单位。

"单元格间距":指定相邻单元格之间的距离,以像素为单位。

标题项中的"无":表示对表格不启用列或行标题。

"左侧":表示将表格的第一列作为标题列。

"顶部":表示将表格的第一行作为标题行。

"两者":表示能够在表中输入列标题和行标题。

辅助功能项中的"标题":可以创建一个显示在表格外的表格标题。

"摘要":设置表格的说明。

(3)单击"确认"按钮即可将表格插入到页面,可输入表格内容,文字、图片,如图4-3所示。

表格建立之后就可以向表格内添加元素了,如图像、文本和表格等,方法如同在文档

图 4-3 插入表格

中操作一样。添加文本,表格会随着增多而自动增高。

在单元格中添加图像时,如果单元格的尺寸小于图像的尺寸,单元格会自动增高或增宽。

在单元格中插入表格的时候,单元格中的表格叫作内嵌入式表格,内嵌表格中的单元格可以再分成多行或多列,并且可以无限制地插入,不过内嵌的表格越多,浏览器下载时间越长,所以内嵌表格最好不要超过三层。

2. 选取表格

对表格进行编辑前,需要先选择表格,选择整个表格的方法:将鼠标光标移动到表格的任意边框上,当光标变成双向箭头形状时,单击鼠标左键,即可选择整个表格,如图 4-4 所示。

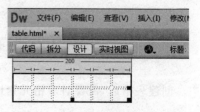

图 4-4 通过边框选择整个表格

3. 选取行或列

在选择表格时，可以通过鼠标直接选择某一行或某一列，也可以同时选择多行或多列。

移动光标到某一行左边框处，在鼠标光标变成向右黑箭头时，单击鼠标即可选择该行，如图 4-5 所示。同样选择某一列时，移动光标到某一列上边框处，在鼠标光标变成向下黑箭头时，单击鼠标即可选择该列，如图 4-6 所示。

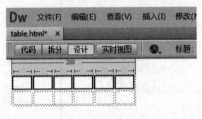 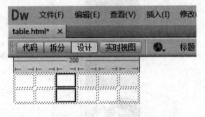

图 4-5　选取整行　　　　　　　　　　　图 4-6　选取整列

在选择单行或单列后，按住 Ctrl 键不放，继续选择需要的行或列，可同时选取多行或多列。

4. 选取单元格

在选择单元格时，可以选择单个单元格，也可以选择一行单元格、单元格区域及不相邻的多个单元格。当某个单元格被选取时，该单元格周围会出现黑色边框。

单击表格中某个单元格，按下鼠标左键从这个单元格上方开始向要连续选择单元格的方向拖动鼠标选择单元格，释放鼠标后，完成某一区域的单元格选取，如图 4-7 所示。

在选择单元格前按住 Ctrl 键，然后单击需要选择的单元格，最后释放 Ctrl 键可选择多个不相邻的单元格，如图 4-8 所示。

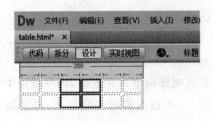 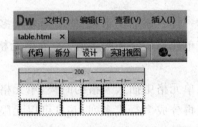

图 4-7　拖动选择单元格区域　　　　　　图 4-8　选择不相邻单元格

4.2　设置表格和单元格的属性

创建表格后，需要对表格元素进行一系列的操作，最常用的就是设置它的属性。

4.2.1　设置表格属性

在网页中加入表格后，可以对表格的布局、样式等进行详细的设置，以使表格中的布局可以精确地达到要求。选定整个表格后，属性面板会变成表格属性面板，从选项中设置各个参数，如图4-9所示。

图 4-9　表格属性面板

除了可以设置表格的行列数外，还可重新设置表格宽度、单元格间距和边距、边框宽度及对齐方式。

4.2.2　设置单元格属性

选定单元格后，属性面板会变成单元格属性面板，如图4-10所示。

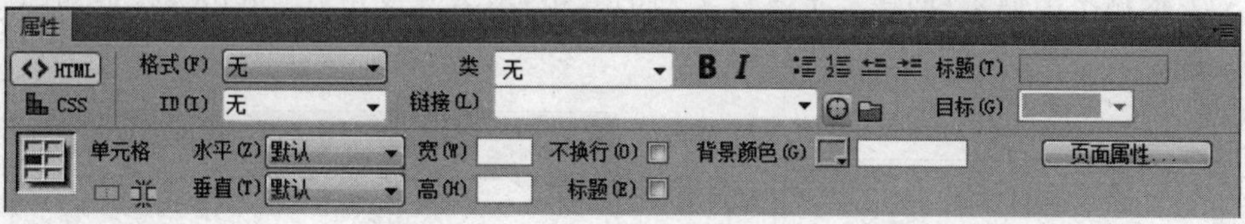

图 4-10　单元格属性面板

"水平"：设置单元格内容的水平对齐方式。有4个值：浏览器默认（即普通单元格左对齐、标题单元格居中对齐）、左对齐、居中对齐和右对齐。

"垂直"：设置单元格内容的垂直对齐方式。有5个值：浏览器默认（通常为中间对齐）、顶端对齐、居中对齐、底部对齐和基线对齐。

"宽"和"高"：以像素为单位设置选定单元格的宽度和高度。

"不换行"：单元格内容不受宽度限制，若超出单元格宽度，也不会换行，将自动拉宽该单元格。

"标题"：将每个单元格设置为表格标题。在默认情况下，表格标题单元格中的内容将被设置为粗体并居中对齐。

"背景颜色"：设置单元格的背景颜色。

同时，单元格属性面板中还包含拆分与合并单元格的按钮，亦可切换 HTML 和 CSS 选项，为单元格内容添加更多显示效果。

4.3　综合案例

4.3.1　项目说明

下面将以"黑白摄影"为主题,使用表格布局制作一张图文并茂的网页。

历史上,黑白摄影曾是摄影师唯一可以选择的拍摄模式。然而,随着时代的进步,即便在彩色摄影出现后,黑白摄影还是以其独特的魅力吸引着部分摄影爱好者,它的持久魅力来自于它鲜活生动的影像效果及其独特表达情感和渲染气氛的方式。

页面的布局较为简单,分为横向的四栏,简单草图如图 4-11 所示。分栏结构主要包含"网页标题"、"导航条"、"页面主题内容"及页尾的"版权信息"。

4.3.2　设计过程

在制作任何页面之前,应该已经完成页面规划与素材收集,排版布局是将各种素材内容进行合理的排列,形成美好的浏览体验。

本页的制作步骤如下。

(1) 根据草图框架,创建一个 4 行 1 列的表格,最大宽度应在 950px 以内,如图 4-12 所示。

图 4-11　表格布局草图

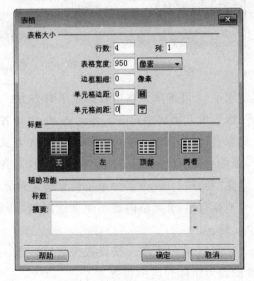

图 4-12　创建最外层表格框架

(2) 根据页面的主题内容,在第二行单元格中插入一个 1 行 6 列的嵌套表格,用来显示导航条,如图 4-13 所示。

(3) 在第三行处添加页面的主要内容,根据收集的素材,这里将显示 4 张黑白摄影经典照片,并附上每张照片的作者。这里将插入一个 4 行 2 列的嵌套表格,如图 4-14

所示。

（4）根据每一块的实际素材内容，适当调整每个单元格的高度，完成页面主要的分割排版，如图 4-15 所示。

（5）为单元格填充内容，完成后的浏览效果如图 4-16 所示。

图 4-13　导航条嵌套表格　　　　　　　图 4-14　主要内容区域嵌套表格

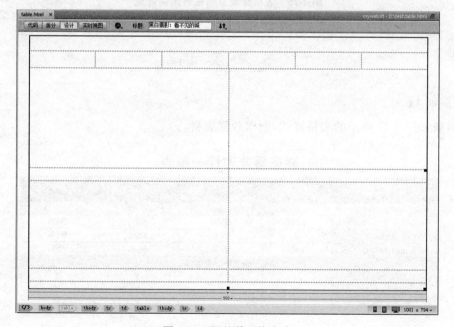

图 4-15　调整单元格大小

图 4-16   表格排版页面最终浏览效果

本 章 实 训

【实训 1】

参照如图 4-17 所示的表格样式，制作数据表格。

浏览器兼容性一览表

CSS特征	MSIE 6.0	Firefox 1.0	Firefox 1.5	Opera 8.5
HTML 4.01				
a	81%	85%	85%	94%
abbr	N	97%	85%	94%
acronym	94%	97%	97%	75%
XHTML 1.0 changes				
HTML in XML	N	Y	Y	Y
well-formed	Y	Y	Y	Y
Media Types	N	Y	Y	Y

资料来源：http://www.webdevout.net

图 4-17   【实训 1】表格样式参考图

【实训 2】

自拟一个主题,使用表格布局完成一张网页,效果参考如图 4-18 所示。

图 4-18　页面布局参考

第 5 章　使用 CSS 样式美化网页

层叠样式表(Cascading Style Sheet,CSS)是一个很神奇的东西,设计者可以通过修改 CSS 样式的定义而使网页呈现完全不同的外观,而当网站拥有几十甚至上百个页面的时候,修改页面链接的样式表文件即可修改页面的外观,从而大大地减少工作量。此外,使用层叠样式表,还可以让样式和内容分离开,让整个网页代码结构更清晰。

5.1　认识 CSS 样式

1997 年,W3C 颁布 HTML 4.0 的同时也公布了有关 CSS 的第一个标准 CSS1。CSS 目前最新版本为 CSS3,是能够真正做到网页表现与内容分离的一种样式设计语言。现代网页制作离不开 CSS 技术,采用 CSS 技术,可以有效地对页面的布局、字体、颜色、背景和其他效果实现更加精确的控制。用 CSS 不仅可以做出美观工整令浏览者赏心悦目的网页,还能给网页添加许多神奇的效果。

5.1.1　CSS 的神奇性

要领略 CSS 的神奇性,可以访问一个名为"CSS 禅意花园"(CSS Zen Garden,http：// www. csszengarden. com/)的网站。设计师 Dave Shea 建立这个网站的目的就是让广大的网页设计师认识到 CSS 的重要。网站提供一套标准的 HTML 页面及 CSS 文件,访问者可以下载这些文件,然后自行修改 CSS 定义,以体现不同的设计风格,如图 5-1 所示。

这些风格各异,如果查看 HTML 源文件,访问者会发现,其 HTML 文件是相同的,而如此纷繁的视觉效果,只因为引用了不同的 CSS 文件,由此让访问者领略 CSS 的功能及重要性。

5.1.2　CSS 与浏览器

CSS 的功能再神奇,也是建立在浏览器对其支持的基础上。

CSS 自从 CSS1 版本之后,W3C 之后又发布了 CSS2 和 CSS3 版本,CSS 得到了更多的充实,其能控制的属性及效果更加丰富。幸运的是,CSS3 特性大部分都已经有了很好的浏览器支持度。各大主流浏览器对 CSS3 的支持越来越完善,曾经让多少前端开发人员心碎的 IE 也开始挺进 CSS3 标准行列。

图 5-1 CSS 禅意花园(CSS Zen Garden)

作为设计者来说,在网页制作过程中,应该养成在不同的浏览器内预览页面的好习惯,从而观察页面效果是否达到了设计的要求,读者除了使用 Microsoft 的 IE 浏览器之外,还可免费下载安装 Chrome 和 Firefox 浏览器以备测试使用。

5.2 创建和使用 CSS 样式

CSS 既简单又复杂。"简单"是指其规则定义很简单,"复杂"则是指其涉及的属性范围很广泛,从文字大小、颜色到边框的样式,再到元素的定位等,而对于不同的 HTML 元素,其有的属性可以使用,有的则完全无效,同时,浏览器对于样式表支持的不同,使得 CSS 定义更加复杂。

5.2.1 "CSS 设计器"面板

在 Dreamweaver CC 中,可以通过"CSS 设计器"面板来创建样式,"CSS 设计器"是一个集成面板,支持可视化创建 CSS 文件、规则、集合属性以及媒体查询,如图 5-2 所示。

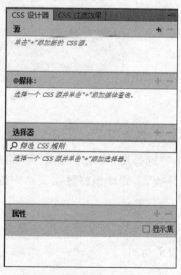

图 5-2 "CSS 设计器"面板

1. 源

"源"组(图 5-3)中列出了所有与文档有关的 CSS 样式表,在这个组中,可以创建 CSS 样式并将其附加到文档中。

图 5-3　"源"组

2. @媒体

"@媒体"组用于列出"源"组中选中的规则的全部媒体查询。媒体查询可以向不同设备提供不同的样式。如图 5-4 所示为在电脑上查看网页的效果,图 5-5 为在手机设备上查看网页的效果。

图 5-4　网页在电脑上的浏览效果

3. 选择器

"选择器"组用于列出"源"组中选择的规则的全部选择器,如果没有选择 CSS 样式或媒体查询,则此组将显示文档中的所有选择器,如图 5-6 所示。

4. 属性

"属性"组可为指定的选择器设置属性,主要有布局、文本、边框、背景及其他属性,如图 5-7 所示。

图 5-5　网页在移动设备上的浏览效果

图 5-6　"选择器"组

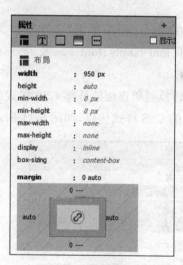

图 5-7　"属性"组

5.2.2　创建 CSS 样式选择器

1. 创建标签选择器

标签选择器是一种非常有效的样式工具,因为它可以应用到某个 HTML 标签在网页上的所有位置,从而可以轻松地对网页进行大规模统一的设计。

创建标签选择器的具体操作方法如下。

(1) 首先将网页内容设计完整,包括图片、文字、超链接、表格等网页所需元素,完成网页内容架构。

（2）单击"CSS 设计器"面板中"源"组右侧的加号"＋"，在弹出的菜单中选择"创建新的 CSS 文件"，如图 5-3 所示。

（3）在弹出的对话框中，在"文件/URL(F)："文本框中输入想要使用的 CSS 文件名，如图 5-8 所示，这里新建的 CSS 文件为 style.css 文件。

（4）选择新建的 style.css，在"选择器"组中单击右侧的加号"＋"添加选择器，选择器会自动添加当前光标所在位置的 HTML 标签，如图 5-9 所示。用户也可自行修改需要使用的 HTML 标签。

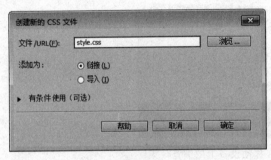

图 5-8　创建新的 CSS 文件

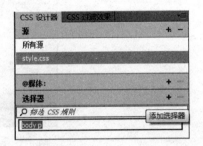

图 5-9　添加标签选择器

（5）在"属性"组中单击"文本"栏，为网页的正文添加所需要的样式，如图 5-10 所示，添加了 font-family、font-size 及 text-indent 等属性，分别设置了文字的字体、字号及缩进。

（6）转换到所连接的外部 CSS 样式文件 style.css 中，可以看到定义的 body 标签下的 p 标签的 CSS 样式代码，如图 5-11 所示。

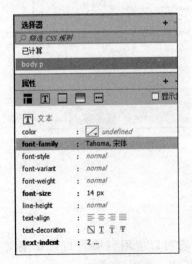

图 5-10　设置字体样式

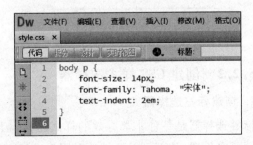

图 5-11　CSS 样式代码

（7）保存网页 HTML 文件和 CSS 文件后，在浏览器中预览页面，即可查看整个网页的字体类型等发生的改变,如图 5-12 所示。

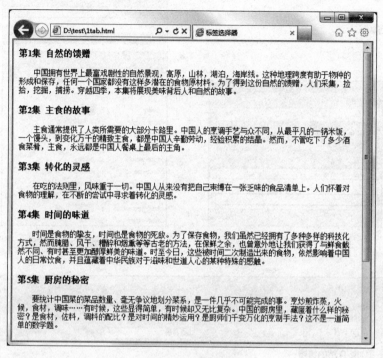

图 5-12 预览效果

2. 创建类选择器

当设计者希望某一个或某几个元素的外观与网页上的其他相关标签有所不同时,就可以使用类选择器,它可以应用到网页中任意的元素上,还能更精确地控制网页中的某一元素。

很多时候都会看到 CSS 的样式名称以“.”开头,这个英文句点开头就表示 CSS 的类样式,类是可以被多次调用的。

创建类选择器的具体操作方法如卜:

(1)与创建标签选择器相同,在创建类选择器之前,需要先设计网页内容,并在“CSS 设计器”面板中创建或选择“源”组中对应的 CSS 文件。

(2)在“选择器”组中单击“+”添加选择器,在显示的文本框中输入 .post 文本,如图 5-13 所示。

(3)在“属性”组中单击“文本”栏,为网页的正文添加所需要的样式,如图 5-14 所示,添加了 color 属性,设置了文字的颜色。

(4)选中想要应用该类的网页内容,在“属性”面板中选择 CSS 选项卡,在“状态栏”的标签选择器中,右键单击最末一个标签,在右键菜单中选择“设置类”→post,选择之前新建的 post 类,如图 5-15 所示。

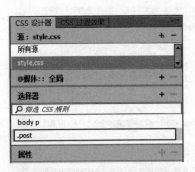

图 5-13 添加类选择器

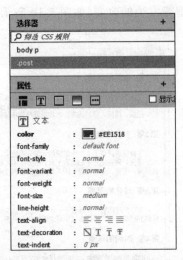

图 5-14 设置 color 属性

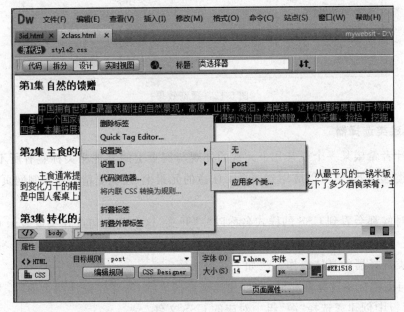

图 5-15 应用 CSS 类

（5）保存网页 HTML 文件和 CSS 文件后，在浏览器中预览页面，即可查看选中段落的文字已变成红色，如图 5-16 所示。

3. 创建 ID 选择器

CSS 样式中的 ID 选择器主要是用来识别网页中的特殊部分，和类选择器一样。在创建 ID 选择器时，CSS 需要给它命名，且名称前必须要有"♯"。

创建 ID 选择器的具体操作方法如下：

（1）与创建标签选择器、类选择器相同，在创建 ID 选择器之前，需要先设计网页内容，并在"CSS 设计器"面板中创建或选择"源"组中对应的 CSS 文件。

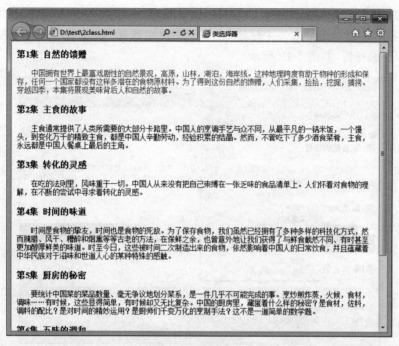

图 5-16　预览效果

（2）在"选择器"组中单击"＋"添加选择器，在显示的文本框中输入"♯para"文本，如图 5-17 所示。

（3）在"属性"组中单击"布局"栏，为网页的正文添加所需要的样式，如图 5-18 所示，添加了 width 属性，设置了文本宽度。

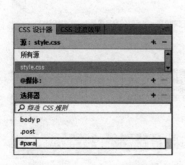

图 5-17　添加 ID 选择器　　　　　　图 5-18　设置 width 属性

（4）选中想要应用该类的网页内容，在"属性"面板中选择 CSS 选项卡，在"状态栏"的标签选择器中，右键单击最末一个标签，在右键菜单中选择"设置 ID"→para 选择之前新建的 para ID 选择器，如图 5-19 所示。

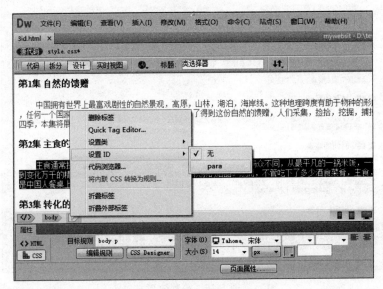

图 5-19 应用 ID 选择器

（5）保存网页 HTML 文件和 CSS 文件后，在浏览器中预览页面，即可查看选中段落文字的宽度为 300px，如图 5-20 所示。

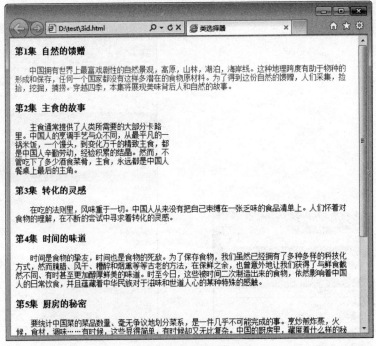

图 5-20 预览效果

5.3 设置 CSS 样式属性

创建 CSS 样式表的过程,就是对各种 CSS 属性的设置过程,所以了解和掌握属性设置非常重要。在 Dreamweaver CC 中,为了方便初学者学习 CSS 样式属性,提供了可视化操作,那就是"CSS 设计器"面板上的"属性"组,该组中可以设置"布局"、"文本"、"边框"、"背景"与"其他"5 种类型的属性。Dreamweaver CC 实现 CSS 属性设置功能是完全可视化的,无须编写代码。

5.3.1 设置布局样式

在"属性"组的"布局"栏中,能够设置页面元素在页面上的放置方式。可以在应用填充与边距设置时,将设置应用于元素的各条边上,同时可以应用定位来确定元素在页面上的相关位置。如图 5-21 所示为 CSS 面板的"布局"栏。

定义样式设置以控制页面上的元素布局,常用的属性如下。

(1) width(宽)和 height(高):决定元素的大小尺寸,默认值为 auto,也可以使用 px、cm 等单位定义具体的宽度和高度。

(2) margin(边界):用数值和单位来设置对象的两边的外边距,定义元素边框(如果没有边框则为填充)和其他元素之间的空间大小。

(3) padding(填充):用数值和单位来设置对象的内容距四边的距离,即内边距,定义元素内容和边框(如果没有边框则为边缘)之间的空间大小。

(4) float(浮动):(float)移动元素(但是页面并不移动)并将其放置在页面边缘的左侧或右侧。其他环绕移动元素的元素则保持正常。该属性是实现 Div+CSS 布局的关键,可实现多列的版式布局。

(5) clear(清除):定义元素的哪一边不允许有层。如果层出现在被清除的那一边,则(设置了清除属性的)元素将移动到层的下面。

margin 和 padding 很重要,它们与盒模型有关系,将在"7.1 盒模型"节中详细介绍。

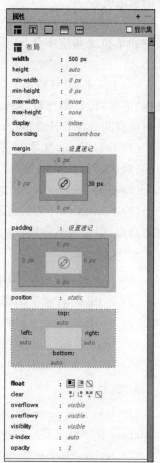

图 5-21 CSS 的布局样式

5.3.2 设置文本样式

在网页设计过程中,文本的 CSS 样式是使用最频繁的。在"属性"组的"文本"栏中,可以定义 CSS 样式用以对文本样式进行设置。如图 5-22 所示为 CSS 面板的"文本"栏。

1.文字样式

（1）color（颜色）：定义文本颜色。

（2）font-family（字体）：为样式设置字体系列。例如宋体、黑体、隶书等。默认值为 Time New Roman，多个值时用逗号分隔即可。

（3）font-variant（小型大写字母）：设置小型大写字母的字体显示文本，这意味着所有的小写字母均会被转换为大写，但是所有使用小型大写字体的字母与其余文本相比，其字体尺寸更小。其值有 normal（正常，默认值）、small-caps（小型大写字母）。

（4）font-weight（粗细）：对字体应用指定的或相对的粗细度。

（5）font-size（大小）：定义文本的字号。通过选择数字和单位来指定字体大小，也可以选择相对的字体大小。

（6）line-height（行高）：设置文本所在行的行高。选择"正常"将自动计算字体的行高，否则可以输入一个精确值并选择其计算单位。

（7）text-align（文本对齐）：设置内容的水平对齐方式，默认值为 left（左对齐）。

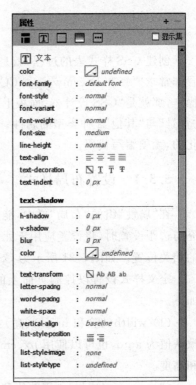

图 5-22　CSS 的文本样式

（8）text-decoration（修饰）：使用下画线、上画线、删除线装饰文本。

（9）text-intent（文本缩进）：指定首行缩进的距离。指定为负值时则等于是创建了文本凸出，但是其显示则取决于浏览器。

2.文字阴影

（1）text-shadow（文本阴影）：向文本添加一个或多个阴影。

（2）h-shadow（水平阴影）：水平阴影的位置。

（3）v-shadow（垂直阴影）：垂直阴影的位置。

（4）blur（模糊）：模糊的距离。

（5）color（阴影的颜色）：阴影的颜色。

3.区块样式

（1）text-transform（大小写）：设置文本的大小写，其值有 none（不转换，默认值）、capitalize（首字母大写）、uppercase（大写）、lowercase（小写）。

（2）letter-spacing（字母间距）：在文字之间添加空格。"字母间距"选项可能会受到页边距调整的影响。可以指定负值，但是其显示则取决于浏览器。此属性可用于设置中文的字间距。

（3）word-spacing（单词间距）：在字符之间添加空格。可以指定负值，但是其显示则取决于浏览器。和单词间距不同的是，"单词间距"可以覆盖由页边距调整产生的字母之间的多余空格。

（4）white-space（空格）：决定如何处理元素内容的白色空格。

（5）vertical-align（垂直对齐）：指定元素的纵向对齐方式。通常是相对于其上一级而言的。只有在被应用于 IMG 标签时，Dreamweaver 文档窗口中才会显示该属性。

4. 列表样式

列表是 HTML 里一种很有用的显示方式，常用的 CSS 列表样式有以下几种。

（1）list-style-position（列表位置）：设置列表项标记的排列位置，默认为 outside，表示列表项目标记放置在文本以外；inside 则表示标记放置在文本以内。

（2）list-style-image（图像标记）：设置列表项目标记的图像，使用 url()函数获取图片路径。

（3）list-style-type（预设标记）：设置列选项所使用的预设标记，默认为 disc（实心圆），decimal 为数字标记。

5.3.3　设置边框样式

在"属性"组的"边框"栏中，可以设置元素周围的边框样式，设置边框样式可以为元素添加边框，以及设置边框的颜色、宽度和样式。如图 5-23 所示为 CSS 面板的"边框"栏。

所有对象的边框样式都可以使用 border 属性来设置，也可以单独对边框的某个属性进行设置。常用的边框属性如下。

（1）border（边框）：border 对象的边框样式复合属性，语法格式为：

border：border-width border-style border-color

（2）border-width（边框宽度）：设置对象边框的宽度，默认值为 medium（中等边框），还可以用数字自定义粗细。

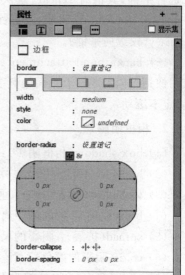

图 5-23　CSS 的边框样式

（3）border-style（边框样式）：设置对象边框的样式，默认值为 none（无边框），还可设置 dotted（点线）、dashed（虚线）、solid（实线）、double（双线）、groove（3D 凹槽）、ridge（3D 凸槽）、inset（3D 凹边）和 outset（3D 凸边）。

（4）border-color（边框颜色）：设置对象四条边框的颜色。

5.3.4　设置背景样式

在背景图像被插入到页面中时，它只是一个单一的图像。用户可以在"属性"组的"背景"栏中定义 CSS 样式的背景属性，还能对网页中的任何元素应用背景属性。

灵活使用背景,可以使页面既美观显示速度又快,可以对网页中的任何元素应用背景属性。例如,创建一个样式,将背景颜色或背景图像添加到任何页面元素中,例如在文本、表格、页面等的后面,还可以设置背景图像的位置,甚至可以通过背景图像来实现装饰性图片的显示。如图 5-24 所示为 CSS 面板的"背景"栏。

常用的背景样式属性如下。

1. 背景图

(1) background-color(背景颜色):默认值为 transparent,表示背景颜色为透明,也可以用 RGB 颜色值、十六进制颜色值和颜色名称作为属性值。

(2) background-image(背景图):设置要是用的背景图像,需要指定背景图的路径。

(3) background-position(背景位置):用于设置背景图像的位置。

(4) background-repeat(重复方式):设置背景图像是否平铺,其值有 repeat(默认值,表示纵向和横向平铺)、no-repeat(不平铺)、repeat-x(仅横向平铺)、repeat-y(仅纵向平铺)。

图 5-24   CSS 的背景样式

(5) background-attachment(滚动方式):设置背景图像是否固定或随着页面的其余部分滚动,取值有 scroll(默认值,随内容滚动)和 fixed(固定不滚动)。

2. 相框阴影

(1) box-shadow(相框阴影):为相框添加一个或多个阴影。

(2) h-shadow(水平阴影):水平阴影的位置。

(3) v-shadow(垂直阴影):垂直阴影的位置。

(4) blur(模糊):模糊的距离。

(5) spread(扩展):阴影的尺寸。

(6) color(阴影的颜色):阴影的颜色。

(7) inset(向内):将外部阴影(outset)改为内部阴影。

5.3.5   设置其他样式

在"属性"组的"其他"栏中,主要是对列表样式表进行设置,它可以设置出非常丰富的列表样式。如图 5-25 所示为 CSS 面板的"自定义"栏。

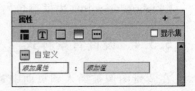

图 5-25   CSS 的自定义样式

5.4　综　合　案　例

5.4.1　项目说明

在第 4 章的综合案例"黑白摄影"中,我们仅使用表格完成了页面内容的排版,但文字、图片、超链接等网页元素都是网页最初的效果。

现在我们使用 CSS 为该页面进行美化,设计细节,优化页面设计。

5.4.2　设计过程

页面美化的过程可按网页结构分区进行,各区块完成设计后,再根据统一的效果进行细节微调。

主要制作要点如下。

1. 为网页添加外部 CSS 文件

(1) 单击"CSS 设计器"→"源"栏目的"＋"加号,选择"创建新的 CSS 文件",如图 5-26 所示。

图 5-26　创建新的 CSS 文件

(2) 在弹出的"创建新的 CSS 文件"面板中,输入新建的 CSS 文件,例如 style.css,如图 5-27 所示。

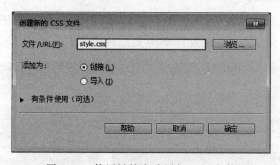

图 5-27　使用链接方式添加 CSS 文件

2. 设计标题区域的 CSS

(1) 选中标题文字,单击"CSS 设计器"→"选择器"栏目的"＋"加号,Dreamweaver CC 将自动添加标题文字所在的标签选择符,如"tr td h1",如图 5-28 所示。在本例中,可将选择符缩写为最后一个标签，如"h1"。

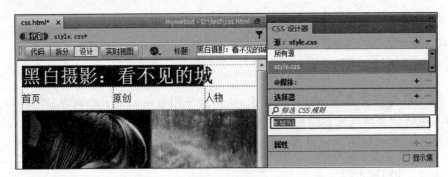

图 5-28　添加标题文字的 CSS 选择符

（2）为标题文字设计 font-family（字体）、font-size（大小）等属性，如图 5-29 所示。

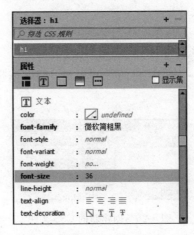

图 5-29　标题文字的 CSS 样式

3. 设计导航区按钮的 CSS

（1）选中导航条上的文字，为其添加 CSS 类型，类名为 nav，如图 5-30 所示。由于导航条上面的按钮有 6 个，因此创建为 CSS 类更适合重用。

图 5-30　添加导航文字的 CSS 选择符

（2）为导航文字设计 font-family（字体）、font-size（大小）、color（颜色）、font-weight（粗细）、text-align（文字排列）和 background-color（背景色）等属性，如图 5-31 所示。

图 5-31　导航文字的 CSS 样式

4．设计内容区域的 CSS

（1）内容区域的文字和图片都是居中显示的，因此，可选中内容区域 4 行 2 列嵌套表格中的任何一个单元格后，为单元格添加 CSS 样式。我们将创建一个名为 content 的类，可重用在内容区域每个单元格中，如图 5-32 所示。

（2）为 content 类设计 font-family（字体）、font-size（大小）和 text-align（文字排列）等属性，如图 5-33 所示。

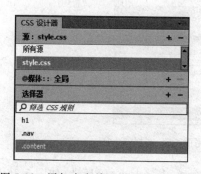

图 5-32　添加内容单元格的 CSS 选择符

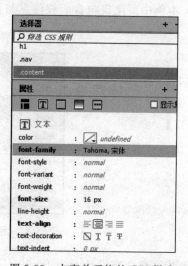

图 5-33　内容单元格的 CSS 样式

（3）使用鼠标拖曳选中 4 行 2 列嵌套表格的所有单元格，右击 Dreamweaver CC 状态栏标签选择器的最后一个 HTML 标签 tbody，单击"设置类"菜单下的 content，将我们定义的类应用至每一个单元格,如图 5-34 所示。

图 5-34　应用 content 类

5. 设计页尾区域的 CSS

（1）本例中页尾仅包含版权信息与日期,选中文字后添加新的 CSS 类 footer,如图 5-35 所示。

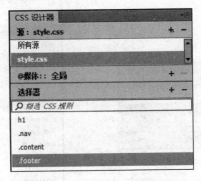

图 5-35　添加页尾的 CSS 选择符

（2）为页尾文字设计 font-family(字体)、font-size(大小)等属性,如图 5-36 所示。

按以上步骤设置后,表格布局的页面的最终浏览效果如图 5-37 所示。

图 5-36 页尾的 CSS 样式

图 5-37 页面最终浏览效果

本 章 实 训

【实训 1】

观摩"CSS 禅意花园"网站,同时思考一个问题,该网站使用的 CSS 样式表是内部的还是外部的呢?

【实训 2】

完成一段文字排版的 CSS 设计,灵活运用不同的 CSS 样式,区分标题、正文等文字,效果参考如图 5-38 所示。

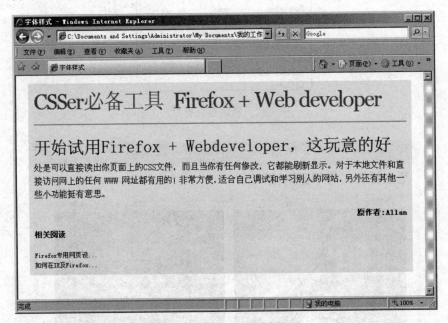

图 5-38 【实训 2】效果参考图

第6章 网页版式与配色设计

很多从事网页设计的计算机专业人员,对于网页的制作技术驾轻就熟,但对于网页富有艺术性和个性的设计却感到力不从心。特别是没有经过艺术设计专业训练的网页制作者,在掌握了网页制作技术的情况下,都渴望将自己的网页制作得更具创意和美感。

在网页设计领域,很长时间以来版式设计被认为是技术型工作,没有艺术性可言,网页的版式设计缺乏创造性的构思和系统性的考虑。现在,人们越来越认识到版式设计在网页界面中的重要作用,它是技术和艺术的高度统一,不仅需要技术人员,还需要设计师,一同构造出和谐、流畅、自然的网页界面。

6.1 网页版式设计

网页界面的版式设计是指将文字、图形图像、色彩、动画和视频多媒体等网页对象的传达要素,根据特定内容和主题,在网页限定范围内将设计意图以视觉形式表现出来。这一过程实际上是创造性、艺术性的传达信息的过程。

从网页技术角度讲,设计者通常是围绕着页面中的导航栏、图像、动画和正文等内容展开页面布局的。在页面制作过程中要确定一个页面的布局,应该综合考虑如何安置页面中的各种内容,比如标题文字、导航栏、图片、动画、超链接等。

6.1.1 网页版面的视觉要素

点、线、面是构成视觉空间的基本元素,是表现视觉形象的基本设计语言。网页设计实际上就是如何经营好三者的关系,因为不管是任何视觉形象或者版式构成,归结到底,都可以归纳为点、线和面。

一个按钮,一个文字是一个点。几个按钮或者几个文字的排列形成线。线的移动或者数行文字或者一块空白可以理解为面。点、线、面相互依存,相互作用;可以组合成各种各样的视觉形象,千变万化的视觉空间。

1. 点的视觉构成

在网页中,一个单独而细小的形象可以称之为点。点是相比较而言的,比如一个汉字是由很多笔画组成的,但是在整个页面中,它可以称为一个点。点也可以是一个网页中相对微小单纯的视觉形象,如一个按钮、一个 Logo 等。需要说明的是,并不是只有圆的形才叫一个点,方形、三角、自由形都可以作为视觉上的点,点是相对线和面而存在的视觉元素。点在页面中起到活泼生动的作用,使用得当,甚至可以是画龙点睛的。一个网页往往需要由数量不等、形状各异的点来构成。点的形状、方向、大小、位置、聚集、发散,能够给人带来不同的心理感受。

点是造型的基本要素,也是构成中最简洁的形态。图形和构成中的形象与点是有一定面积、大小和形状的。越小的点,点的感觉越强,点逐渐增大时,则趋向于面的感觉,如图 6-1 所示的网页版面中,点的运用尤其特别。

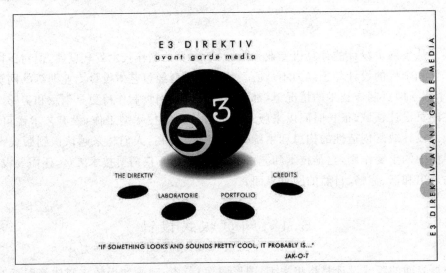

图 6-1   网页版面中"点"的设计

点在网页中的应用:标志、文字或图形、按钮都可作为点存在。点是构成网页的最基本单位,在网页设计中,经常需要主观地加些点,如在新闻的标题后加个"NEW",在每小行文字的前面加个方或者圆的点。

点的网页构成:不常见,版面自由随意、轻松活泼,具有跳跃感,多用于艺术或娱乐类网站。

2. 线的视觉构成

点的连接形成线,线的长度是无限的,是决定页面现象的基本要素。线分为直线、折线、抛物线、自由曲线、弧线以及复合线。线的总体形状有垂直、水平、倾斜、几何曲线、自由线几种。线有其性格特征:带有锐角角度的斜线具有动荡和速度的感觉;平行方向的线表现出规律、平稳;垂直线具有庄严、挺拔、力量、向上的感觉;曲线给人流畅、柔美的性格特征。线不仅分割页面,它还具有处理面与面之间界限位置的功能。集中的水平线和垂直线形成了稳重均衡的画面。斜线组成锐角,使画面带有动荡、不平衡的感觉。

线与线之间的排列可以使画面具有节奏感,线的放射、粗细、渐变的排列可以体现三维空间的感觉。将不同的线在页面中灵活地使用,可以获得各种出人意料的效果。

线在网页中的运用:线起到分割区域和引导视觉的作用,其有序排列和渐变会产生较强的空间感。

线的网页构成：以线为主的网页构成要注意线的空间关系及线型、颜色、位置、方向的对比和协调。

如图 6-2 页面中重复使用水平线的排列形成一种平衡页面的作用，在中间的一组自由线的应用使平衡的页面中造成一种冲突，给人视觉冲击，打破了水平线带来的呆板，使页面丰富、活泼。明确了页面的中心视觉点。

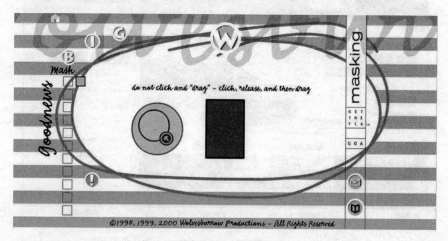

图 6-2 网页版面中"线"的设计

3. 面的视觉构成

点的放大、线的运动和连续排列就产生了面。相对于点和线，面具有更强的视觉效果和表现力。面是有形的，因而也具有面积和质量，占据空间的位置更多，比点和线的视觉冲击力更大、更强烈。面的形状可以大体分为：几何型的面（方、圆、三角、多边形）、有机切面（弧形的相交或相切得出）和不规则的面。面可分为几何形和自由形两类。

面的排列要考虑形状与面积的对比、间隔和面积的对比、面积与面积的对比等因素，这样页面设计才能产生动感。垂直、水平的面等距离地排列产生稳重、简单的感觉。不同面积、不同位置排列产生活泼、跳跃的感觉。

面在网页中的运用：大段文字和大幅图形是面的常见形式，页面边缘或空白处也是面的存在方式。

面的网页构成：以面为主的页面版式效果饱满、充实，但要注意相互的对比和变化，突出页面的主题。许多大型国际公司的页面往往采用方形的面对网页进行分割，因为方形的面具有沉稳、厚重、坚强的特征。在页面中以大段文字组成方形的面来分割页面，此页面的视觉中心以一个亮丽的颜色，配合文字将重点信息完整强烈地表达出来，如图 6-3 所示。

在网页的版面设计上，不同形状的面之间的相互关系和整体的和谐需要熟练把握，合理安排好面的关系，才能设计出充满美感、艺术、实用的网页作品。当在设计网页时，点线面是首要的考虑因素，要善于排列组合它们之间的关系，善于使用点线面表现不同的形式和情感，这样才能设计出具有最佳视觉效果的网页。

图 6-3　网页版面中"面"的设计

4. 网页上的空白

  国画中有一句话描述这种艺术形式的空间布局比较经典，就是"计白当黑"，表明了白也就是空的地方和着的墨一样都是国画整体的组成部分，如何利用空间中的留白是非常重要的，也是提升艺术性的途径，有些尽管是画的很不错，但是看起来不舒服，就是没有重视留白，造成了画面整体上的失败。对于网页设计来说，又何尝不是如此呢？

  提升到艺术的高度来看待留白是通过视觉上的手段，留白也可以给人带来心理上的轻松与快乐，还可以给人带来紧张与节奏感，通过这种手段可以向使用者表达出设计者的心理感觉，设计者在设计网页的同时也在同自己的使用对象在做一种交流，好的设计者能够达到同自己的使用对象进行心理对话的程度。不光通过页面上的文字、图片、动画的组合和排列，同时借助留白进行表达。可以达到非常好的效果，例如一个休闲的网站，设计者要传达给使用者的一个信息就是要是让他们轻松随意、无拘无束，光通过网页上的图片和文字的表达是干巴巴的，没有感情色彩的。如果能通过网页设计反映出这种感情色彩，显然这样的设计是较为高明的设计。能实现吗？当然可以，借助网页上的留白就可以，让留白更多地显示出自己的特色，在联系图片和文字的中间架起一道桥梁，如图 6-4 所示。

图 6-4　网页版面中的"留白"设计

6.1.2　网页编排设计的基本形式

根据表现题材和前期创意策划的要求,应该首先确定出网页的基本框架(也就是网页的版式),它会决定网页中各元素的排布方式和最终表现风格。

近十年来,互联网已经发生了翻天覆地的变化,然而它其实一点也没变。如果看看10年前,我们会发现大批网站都有一套通行的排版模式。页头、页脚、侧边栏和内容区域,构成了这种直截了当的布局,这就是人们预期中的网页排版。同时,我们会发现网页的基本结构千变万化,根本没有固定形态,它可以伸缩变化成任何所需的东西。事实上,当前网页设计的新准则,就是根本没有固定准则。

以下介绍几种网页编排的基本形式,它们既可以帮助设计者构思网页设计的基本结构,也是代表了当前网页设计的潮流趋势。

1. 分割屏幕

在这类设计中,示例的网站都用了垂直分隔线来分割屏幕,如图 6-5 和图 6-6 所示。通过研究大量此类案例,我们发现,有时候在一套设计中,的确存在两个同等重要的主体元素。网页设计的通常方法是按照重要性给内容排序,然后重要性会体现在设计的层次和结构上。但是假如就是要推广两样东西呢?分割屏幕的方式可以突出两者,并让用户迅速在其中做出选择。

同时,有时需要表现出一种重要的两重性。如图 6-5 所示,Eight and Four 网站想要表达的是,他们的核心竞争力来自植根数字领域,还有多才多艺的员工,这两点成就了他们这个团队。通过屏幕分割来表现这一点,是种令人愉快的方式。

图 6-5　分割屏幕范例——Eight and four 网站

图 6-6　分割屏幕范例——Dewey's pizza 网站

2. 去界面化

网页设计中的主要元素之一，就是容器元素：方块、边框、形状和所有类型的容器，用于将内容从页面中分离开。想象一个古板的页头，元素刚好容纳其中，与内容分隔开。如今的一项普遍趋势，就是去除所有这些额外的界面元素。这是种极简主义的方式，但它更进一步，带来一些有趣的转变。

如图 6-7 所示，Br-time 网站把页头和页尾的概念统统去掉了。反而更像一个交互式杂货摊。从左向右的排列，就基本完成了内容层次的排布，有助于让排版更加直观。用于分隔导航和内容的界面就不需要了，取而代之的是漂亮的产品惊艳全场。

图 6-7　去界面化范例——Br-time 网站

可以发现，移除任何感官上的页头和页尾后，内容得到了极大的强调。用户会先看到公司名称，然后是关于他们经营内容（和场所）的清晰描述，而不是先看到页头、主导航。让用户浏览之前先重点强调品牌的方式非常有效，造就了优美的视觉流程。如图 6-8 所示，来自于 Havard Art Museums 网站。

图 6-8　去界面化范例——Havard Art Museums 网站

3. 基于模块或网格

这种编排方式建立在模块化或类似网格的结构上。在这些设计中,利用响应式设计,每个模块都可以根据屏幕尺寸伸缩调整。它体现了一种自适应布局模式,可以像搭积木一样,由各种模块组件创建而成。

如图 6-9 所示,Team Bad Company Rowing 网站完美地诠释了这一点。整个设计都是响应式的。随着屏幕尺寸的变化,每个模块都改变尺寸来适应空间。均匀划分屏幕使得设计更易于适应。他们还在大屏幕尺寸中引入一些元素来打破模块界限的束缚,这是画龙点睛之笔。同样的设计体现在 Guide. residence-mixte 网站中,如图 6-10 所示。

图 6-9 基于模块或网格范例——Team Bad Company Rowing 网站

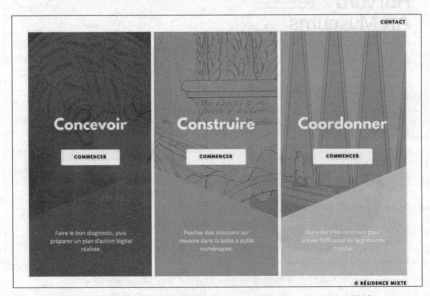

图 6-10 基于模块或网格范例——Guide. residence-mixte 网站

4．一屏以内

　　有一些网站采用这样的方式，让设计完全在一屏内展现。在这种编排方式中，整个设计的适应方式完完全全吻合屏幕，没有产生滚动条。没有滚动，意味着内容必须极度聚焦，而且要建立清晰的内容层次。我们会发现这些网站的聚焦能力和清晰程度令人耳目一新，如图 6-11 和图 6-12 所示。

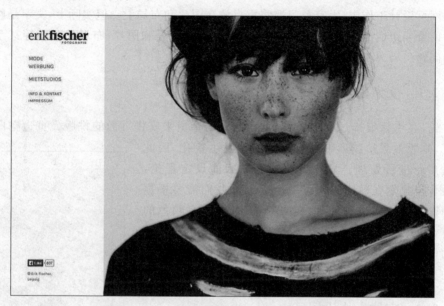

图 6-11　一屏以内范例——erikfischer 网站

图 6-12　一屏以内范例——Nikolay lecheev 网站

多种网页编排形式都可以表现为积木块的形式，这些积木可以通过很多不同方式组合。现代网页的布局如此多样化,而且确实合乎使用,造就了如此激动人心的互联网媒体。

6.2　网页中的文字编排

在网页设计工作中,大家总习惯将重点放在图片和布局上。但实际上,文字是网页信息传播的重要组成部分,思考如何让文字更易于阅读,是和图片、布局处理同等甚至更为重要的问题。

6.2.1　文字内容区域

首先,在书籍编排过程中,设定页面四周的余白来安排页面的排版。页边空白的大小不同,排版效果给读者带来的印象也会发生变化,因此需要适当地进行处理。显然纸质书籍的版面设定理论,并不适合于显示在数字硬件设备上。因此我们需要根据不同的媒体特点来进行处理。如图 6-13 所示,有颜色的部分是文字版面,abcd 版面为文字四周的余白,abck 版面标准的设定通常是按照 1∶1.2∶1∶1.7 的比例来进行设计的。

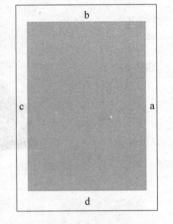

图 6-13　内容区域与四边余白

6.2.2　字体大小设置

其次是文字的字体大小,标题的字号要大,正文的字号要小,文字的大小要根据它的作用灵活设定。在版面设计中,首先要确定正文字体大小,只有确定了正文字体大小,才能根据它来调节平衡,决定大标题、小标题以及注释文字大小。

图 6-14 是适用于正文文字大小的图例,左侧是宋体文字大小图例,右侧是黑体文字大小图例。即便是相同大小的文字,字体不同,看起来大小也不一样。而且选择文字大小时,需要考虑网页的阅读方式,例如,是在大屏幕机器还是小屏幕。

12px	网易云阅读
14px	网易云阅读
18px	网易云阅读
24px	网易云阅读
30px	网易云阅读

图 6-14　相同字号不同字体浏览效果

6.2.3 行对齐

排版中重要的一条,是把应该对齐的部分对齐,例如每一个段落的字行对齐,就是把行的位置进行对齐使其一致的方法。行头对齐是所有行均在行头对齐的方法,如图 6-15 所示。虽说这种用法使得行尾不齐整,但方便文章的停顿部分换行,适用于散文、诗歌等表现韵味的文字版式。但是,对于编排长篇文章时,选择左右对齐更能体现条理性。由于换行的位置都相同,阅读行头或换行的时候视线能够平缓流畅地移动。

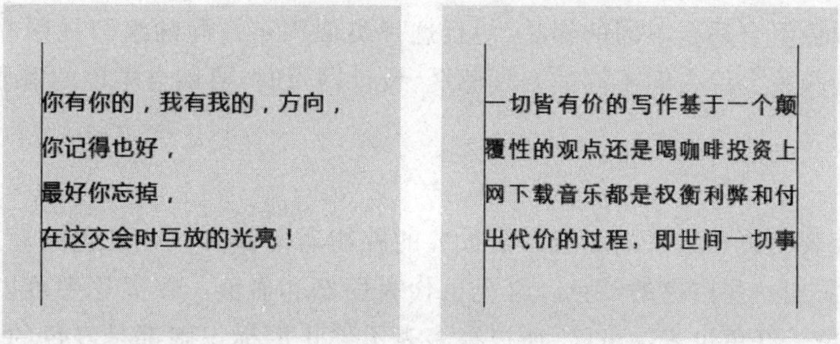

你有你的,我有我的,方向,
你记得也好,
最好你忘掉,
在这交会时互放的光亮!

一切皆有价的写作基于一个颠覆性的观点还是喝咖啡投资上网下载音乐都是权衡利弊和付出代价的过程,即世间一切事

图 6-15 行头对齐与左右对齐

6.2.4 行间距的设定

行高、行间距的大小对文章的易读性有很大的影响。行与行之间拉得过开,从一行末尾移动到下一行开头,视线的移动距离过长增加了阅读难度。相反,行与行之间贴得过紧,上下挨得过紧影响了视线的移动,让人不知道正在阅读哪一行。正文最恰当的行高,基本应该设定为其文章中文字大小的两倍。例如文字大小为 8px 的文章,就应该把行高设定为 16px,如图 6-16 所示。

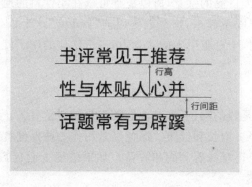

书评常见于推荐
性与体贴人心并
话题常有另辟蹊

图 6-16 行高与行间距

6.3 网站的色彩选择与搭配

6.3.1 网页色彩的选择

第一印象决定一切！大家都可以从各自的外表上大概看出一个人的性格。同样地，这个理论也可以延伸到设计工作里。影响设计工作的因素有很多，但是第一时间被关注到的应该是颜色。颜色反映了设计的整体感觉，有时候单凭颜色就可以调度起一个人的情绪、情感甚至回忆。

不同的颜色组合适合不同的作品，而且这种类似固定搭配的组合规则并不能轻易被打破。不同的颜色会给人们不同的心理感受，设计网页时，要结合主题的需要选择不同的色彩。

1. 红色

红色是代表爱情和激情的颜色。情人节的礼物通常都有一个红色的盒子，或者是粉红色，也就是添加一些白色的红色。红色也代表愤怒和血液。在火焰中可以同时找到红色、橙色和黄色。红色也表示危险，所以很多表示停止的标识牌都是红色的，因为红色可以很好地吸引人们的注意。红色是很强势的颜色，当它和其他颜色相遇时，例如搭配黑色，可以创建非常强势的感觉。红色可以搭配一些严肃的语气和强硬的命令。

2. 橙色

橙色代表了温暖，但是并不像红色那样咄咄逼人。橙色能够创建一个有趣的氛围，因为它充满了活力，而且橙色创造出的活跃气氛并没有危险的感觉。橙色可以与一些健康产品搭上关系，例如维生素 C，毕竟橙子里也有很多维生素 C。

3. 黄色

提到黄色，经常可以联想到太阳和温暖。使用橙色的时候，可以创造出一种夏天的好玩的感觉，黄色则带给人口渴的感觉，所以经常可以在卖饮料的地方看到黄色的装饰。黄色也可以和懦弱与恐惧联系起来，这是因为以前"yellow"这个词代表着这个意思。当黄色与黑色搭配在一起时，十分吸引人的注意力，一个绝佳的例子就是很多国家的出租车都采用这种配色。

4. 绿色

在西方国家，绿色是钱的颜色，这与他们的文化和财富有关。因为大多数植物都是绿色的。绿色也代表着经济增长和健康。绿色经常用作一些保健食品的 Logo，因为看起来就十分贴近自然。绿色还意味着利润和收益。如果搭配上蓝色，通常会给人健康、清洁、生活和自然的感觉。

5. 蓝色

蓝色是一个神奇的颜色，因为不同明度的蓝色会给人不同的感受、想法和情绪。深蓝色可以给人一种悲伤的感觉，让人联想起伤心时怎么听都不够的蓝调音乐。而浅蓝色则通常会让人联想起天空和水,给人以提神、自由和平静的感觉。蓝天永远都是平静的,水流可以冲走泥土,清洗伤口,所以蓝色也代表着新鲜和更新。蓝色给人冷静的感觉,会帮助人放松下来。

6. 紫色

紫色总是让人不禁想起皇室成员的长袍。紫色可以更多地与浪漫、亲密、柔软舒适的质感产生联系。紫色给人一种奢华的感觉,也有一种神秘感。

7. 白色

白色通常与医院联系在一起,因为医生们都是穿着白大褂的,而且医院内部的装修通常也是白色的。此外,宗教绘画有时候也是没有色彩的,白色也代表着圣洁。白色通常给人干净的感觉,比如白色的床单和衣服都让人感觉很干净。也可以代表棉花和柔软的云朵。心理健康相关的事物也可以选用白色,白色也同样适用于卫生、清洁相关的设计。

8. 黑色

黑色通常与死亡有关,尤其是在美国。它可以代表腐坏,因为很多食物腐坏变质以后就是黑色的。黑色也代表邪恶,因为是白色的对立颜色,而白色通常代表着纯洁美好善良。黑暗和未知也会给人焦虑的感觉。很多图像中,黑色表达了抑郁、绝望和孤独。虽然黑色有很多负面的含义,但是黑色也是一个万能色彩,当黑色遇上其他颜色的时候会产生其他的意义。例如当黑色邂逅金黄色,就可以给人一种奢华、高档的感觉;当黑色偶遇银灰色,则会给人一种成熟稳重的感觉。

6.3.2 网页色彩搭配的原理

在网页配色中,不要将所有的颜色都用到,尽量控制在三种色彩以内,背景色和前景文字的对比尽量要大,以便让文字看起来更清晰。

随着网页制作经验的积累,网页用色有这样的一个趋势:单色→五彩缤纷→标准色→单色。一开始因为技术和知识缺乏,只能制作出简单的网页,色彩单一;在有一定基础和材料后,希望制作一个漂亮的网页,将自己收集的最好的图片、最满意色彩堆砌在页面上;但是时间一长,却发现色彩杂乱,没有个性和风格;第三次重新定位自己的网站,选择好切合自己的色彩,推出的站点往往比较成功;当最后设计理念和技术达到顶峰时,则又返璞归真,用单一色彩甚至非彩色就可以设计出简洁精美的站点。

网页色彩搭配的技巧如下。

1. 用一种色彩

这里是指先选定一种色彩,然后调整透明度或者饱和度,也就是将色彩变淡或加深,产生新的色彩,再用于网页。这样的页面看起来色彩统一,并且具有层次感。

2. 用两种色彩

先选定一种色彩,然后选择它的对比色。例如用蓝色和黄色。整个页面色彩丰富但不花哨。

3. 用一个色系

简单地说就是用一个感觉的色彩,例如淡蓝、淡黄、淡绿;或者土黄、土灰、土蓝。确定色彩的方法各人不同,可以在图像处理工具 Photoshop 的拾色器中选择。

4. 用黑色和一种彩色

比如大红的字体配黑色的边框,就感觉对比很强烈。

在网页配色中,忌讳的是:

- 不要将所有颜色都用到,尽量控制在三种色彩以内。
- 背景和前文的对比尽量要大,尽量不要用花纹繁复的图案作背景,以便突出主要文字内容。

在设计的时候应该慎重地考虑和选用颜色。通过不同的颜色,可以创造出不同感觉的图像。合适的组合可以获得关注,通过视觉传达设计师所想,进一步拉近设计师与观众的距离,让图像更具力量。

本 章 实 训

【实训 1】

构思个人网站的首页布局,并在白纸上绘制其草图。

【实训 2】

根据个人网站的主题,在 Internet 中查找相似主题的网站,分析其主色调及色彩搭配情况。

第 7 章　Div＋CSS 布局

7.1　Web 标准

几年前,流行使用表格来进行网页的布局和排版,但这种方式目前已淡出设计舞台,取而代之的是符合 Web 标准的 Div＋CSS 布局方式。

Web 标准不是某一个标准,而是一系列标准的集合。网页主要由三部分组成:结构(Structure)、表现(Presentation)和行为(Behavior)。对应的标准也分为三个方面:结构化标准语言,主要包括 XHTML 和 XML;表现标准主要包括 CSS;行为标准主要包括对象模型(如 W3C DOM)和 ECMAScript 等。这些标准大部分由 W3C 起草和发布,也有一些是其他标准组织制定的标准,如 ECMA(European Computer Manufacturers Association)的 ECMAScript 标准。

所谓符合 Web 标准的布局就是表现和结构相分离的设计方式,内容是页面实际要传达的真正信息,包含数据、文档或图片等。用来改变内容外观的东西,称之为"表现",比如修饰文字的大小、颜色、边框等。

对于内容、结构和表现相分离,最早是在软件开发架构理论中提出来的。用过 QQ 的人都知道,QQ 面板的皮肤变更但内容却保持不变,仅是外观在变化。

Div＋CSS 的页面布局不仅仅是设计方式的转变,而且是设计思想的转变。虽然在设计中使用的元素依然没有改变,在旧的表格布局中,也会使用到 Div 和 CSS,但它们却没有被用于页面布局。这一转变为网页设计带来了许多便利。

在以前我们制作网站时,总是习惯于先考虑外观、颜色、字体及布局等所有表现在页面上的内容。但实际上,外观并不是最重要的,相反最终用户在访问网页时的体验才是优先要考虑的。一个由 Div＋CSS 布局且结构良好的页面可以通过 CSS 定义成任何外观,在任何网络设备(包括手机、PDA 和计算机)上、以任何外观表现出来,而且用 Div＋CSS 布局构建的网页能够简化代码,加快显示速度。

所以要想学好 Div＋CSS,首先要转变观念,需要抛弃传统的表格布局方式,采用层(Div)布局,并且使用层叠样式表(CSS)来实现页面的外观。给网站浏览者更好的体验。

Dreamweaver 是全面支持 Div＋CSS 并且符合 Web 标准的网页设计工具。在 Dreamweaver 中可以实现可视化 CSS 布局,这使得网页设计更为简单,效率更高。为了方便初学者进行设计,Dreamweaver 还提供了一些现成的模板,可以直接在网页中应用。

当然，对于熟练的用户可以采用自定义方式进行布局。

<h2 style="text-align:center">7.2 使 用 Div</h2>

在网页设计中，由于层具有很强的灵活性，因此被广泛应用，利用层不仅可以精确设置对象的位置，还能实现一些简单的效果。

7.2.1 什么是 Div

Div(层)是一种 HTML 页面元素，可以将它定位在页面上的任意位置。Div 元素是用来为网页内容提供结构和背景的块元素。Div 可以包含文本、图像或其他 HTML 文档。层的出现使网页从二维平面拓展到三维，可以使页面上元素进行重叠和复杂的布局。在普通网页中，所有对象都是静止的、固定不动的，只有层是可以随意移动的对象。

如果将文本、表格、图像和动画等这些无法移动的元素放入层中，那么它们也将变成可以移动的对象。

通过 CSS 和网页脚本可以使网页中的层出现位置、大小、颜色以及背景等的变化。此外，利用其特性，还可以创建各种形式的层动画。

通过 Div，可以把页面分隔成独立、不同的部分，使网页内容结构化、模块化，如图 7-1所示。

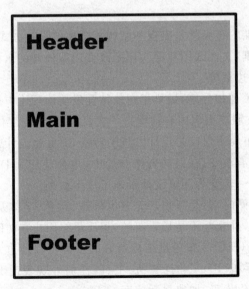

图 7-1　Div 布局

7.2.2 层的基本操作

1. 在 Dreamweaver 中插入层

(1) 在"插入"面板的"常用"选项卡中单击 Div 按钮。

（2）此时将打开"插入 Div"对话框，如图 7-2 所示。

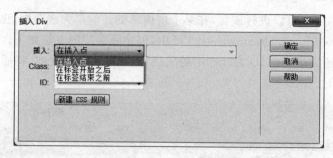

图 7-2 "插入 Div"对话框

其中：

- "插入"下拉菜单：
  - ◆ 在插入点：在光标放置的位置上插入＜div＞标签。
  - ◆ 在开始标签之后：在＜body＞标签的后面插入＜div＞标签。
  - ◆ 在结束标签之前：在＜/body＞结束标签的前面插入＜div＞标签。
- Class：选择一个 CSS 的类，将样式应用至该 Div。
- ID：选择一个 CSS 的 ID，将样式应用至该 Div。
- "新建 CSS 规则"按钮：单击此按钮，会打开"新建 CSS 规则"对话框。使用"新建 CSS 规则"，可以添加＜div＞标签的类和 ID。

（3）单击"确定"按钮，即可在指定位置插入一个 Div。Dreamweaver 会将 Div 显示为一个虚线框，并自动在框内添加占位符内容"此处显示新 Div 标签的内容"，帮助我们定位 Div 的位置，提示该 Div 的可编辑区域。不难发现，默认情况下的 Div 没有任何效果，必须为其添加 CSS 样式后，才能美化效果或实现布局。单击虚线框后，Dreamweaver 会将 Div 变成蓝色的实线框，如图 7-3 所示，通过属性面板，还可为其添加 CSS 的类或指定 CSS 的 ID，如图 7-4 所示。

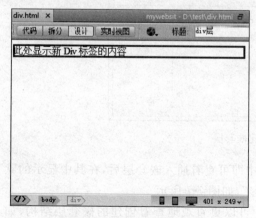

图 7-3 在网页中插入 Div

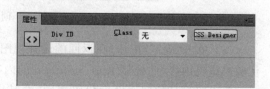

图 7-4 Div 的属性面板

2. 创建嵌套层

与表格一样，层也可以进行嵌套，在某个层内部创建的层为嵌套层，也称为子层，嵌套层外部的层称为父层。在 Dreamweaver CC 中，创建嵌套层的方法如下。

（1）按照上述方法创建 ID 为"main"的父层，删除其占位符文本，将插入点定位在 Div 内，如图 7-5 所示。

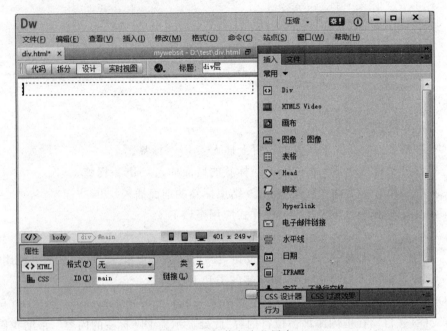

图 7-5　光标停留在父层中

（2）再次打开"插入 Div"对话框，"插入"下拉菜单选择为"在插入点"，添加一个 ID 为 "content"的嵌套层，如图 7-6 所示。

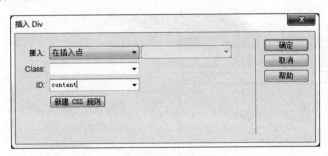

图 7-6　创建嵌套层

（3）单击"确定"按钮，在返回的设计视图中即可查看插入嵌套层后，在其中显示的默认的占位符内容"此处显示 id "content"的内容"，如图 7-7 所示。

单击"代码"按钮切换到代码视图，在其中可以更直观地查看创建的嵌套层结构，如图 7-8 所示。

图 7-7 嵌套层占位符文本

```
9   <div id="main">
10      <div id="content">此处显示  id "content" 的内容</div>
11  </div>
```

图 7-8 代码视图显示 Div 的嵌套

7.3 Div+CSS 布局

7.3.1 Div+CSS 的布局优势

随着 Web 标准化设计的普及,现在许多网站已经纷纷采用 Div+CSS 的布局结构,它区别于传统的表格定位形式,采用以"块元素"的定位方式,用最简洁的代码实现精准的定位。

1. 使页面更快载入

由于大部分的代码都在 CSS 中,使得 HTML 页面中的代码减少,体积容量也相对减小。相对于表格嵌套的方式,Div+CSS 把页面分成了多个区块,在打开页面时,是逐层加载的,而不像表格那样,将页面装在一个大表格内,加载缓慢。

2. 网站改版更加容易

不用重新设计和排版网页,也不用改变原网站上的任何 HTML 和网站页面,只需要重新编写 CSS 文件,再用新的 CSS 文件覆盖以前的 CSS 即可实现改版。

3．内容和形式分离

CSS 最大的优势是实现了内容和形式的分离，网页前台只需显示内容，而形式上的美化只需要交给 CSS 来处理即可，最后生成的 HTML 文件代码更加精简。

4．降低流量费用

页面的代码简洁了，体积也相对变小，对于大型网站来说，可以节省大量带宽，而且众所周知，搜索引擎最喜欢的就是简洁的代码。

5．对浏览器更具亲和力

由于 CSS 的样式非常丰富，使页面也变得更加的灵活，它是被众多浏览器支持的最完善的版本，可以根据不同的浏览器设置，而达到显示效果统一不变形。同时，为了更好地支持搜索引擎的抓取，最好使用 Div＋CSS 的结构方式来布局页面。但是，Div＋CSS 的布局方式相对于表格布局，开发设计时间更长，设计复杂度也提高了不少，同时，CSS 的文件异常会影响到整个网站。

7.3.2　盒模型

CSS 的盒模型（Box Model）对于后继章节介绍的层布局很有帮助。盒模型在网页设计中是一个非常重要的概念，虽然 CSS 中没有真正意义上的盒子，但它却是 CSS 中无处不在的一个组成部分。

每个网页元素都可以看作是一个装了东西的盒子，盒子里面的内容到盒子边框之间的距离即为"填充"，盒子本身有"边框"，而盒子边框外和其他盒子之间，还有"边界"。在现实生活中，假设在一个广场上，把不同大小和颜色的盒子以一定的间隙和顺序摆放好，最后从广场上空往下看，看到的图形和结构就类似将要做的网页版面设计了，如图 7-9 所示。

图 7-9　盒模型图解

填充、边框和边界都分为"上右下左"4 个方向，既可以分别定义，也可以全部相同。CSS 内定义的宽和高，指的是盒子里具体内容的宽和高，也就是填充以内的内容范围，因此一个元素实际宽度＝左边界＋左边框＋左填充＋内容宽度＋右填充＋右边框＋右边界。实际高度＝上边界＋上边框＋上填充＋内容高度＋下填充＋下边框＋下边界。

7.3.3　盒模型实例

例如有如下 ID 为"main"的 Div 设置了"布局"和"边框"，如图 7-10 和图 7-11 所示。

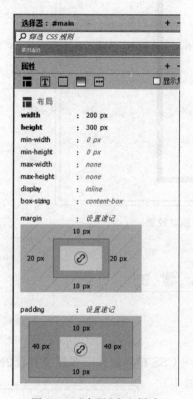

图 7-10　"布局"定义样式　　　　　　　图 7-11　"边框"定义样式

则该 Div 实际宽度如图 7-12 所示。

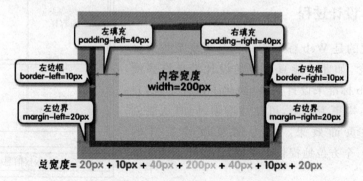

图 7-12　元素总宽度的计算

Div 的预览效果如图 7-13 所示。

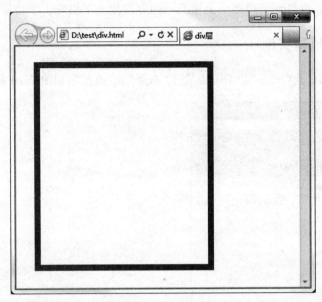

图 7-13　Div 的预览效果

7.4　综 合 案 例

7.4.1　项目说明

下面同样将以"黑白摄影"为主题,使用 Div+CSS 布局制作一张图文并茂的网页。

页面的布局分为横向的 4 栏,简单草图如图 7-14 所示。分栏结构主要包含"网页标题"、"导航条"、4 块内容分区及页尾的"版权信息"。

7.4.2　设计过程

需要重视的是 Web 标准中结构与表现及行为分离的设计概念,如此才能真正地为设计带来许多便利。采用 Web 标准来设计网页,简化了设计过程,并且使网页的结构更为清晰,可读性增强;同时还能创建出漂亮的页面效果。作为网页设计工具的 Dreamweaver,全方位地提供了支持,让设计工作变得更轻松有效。

图 7-14　布局草图

1. 设计网页内容

(1)添加最外层居中 Div

由于网页最后的效果是整体居中的,所以需要设置一个固定宽度的 Div 作为最外层的容器,包含网页中的所有内容,如图 7-15 所示,创建一个 ID 为"main"的 Div。

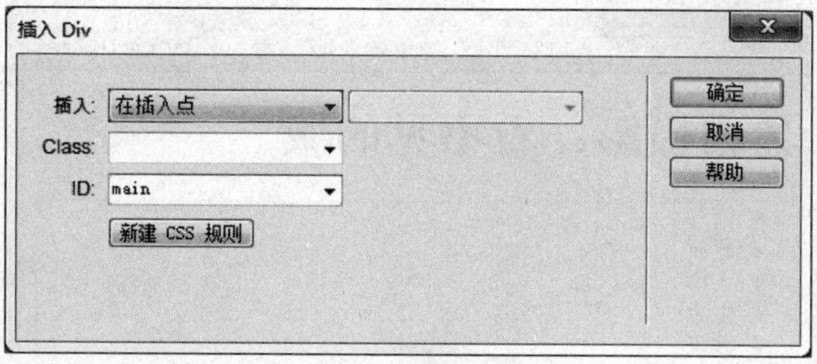

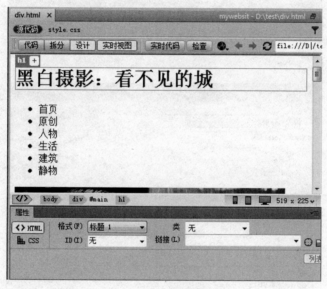

图 7-15　创建最外层 Div

(2) 创建页面标题

输入网页标题文字,并设置为"标题 1"格式,如图 7-16 所示。

图 7-16　设置标题

(3) 添加导航条

在 Div+CSS 的布局设计中,导航条将使用列表格式,本例中创建了一个具有 6 个项目的列表,并将其 ID 设置为"nav",如图 7-17 所示。

(4) 添加内容区域

本例中的内容为 4 块相同布局和样式的图文混合的区域,因此,在此使用了 4 个嵌套 Div,并将其 class 设置同为"content",如图 7-18 所示。

(5) 添加页脚区域

本例的页脚区域仅包含版权信息与日期,添加一个 ID 为"footer"的 Div,如图 7-19 所示。

(6) 预览网页初始效果

此时的网页仅包含初始的内容,在没有 CSS 布局和美化之前,页面显示效果比较"难

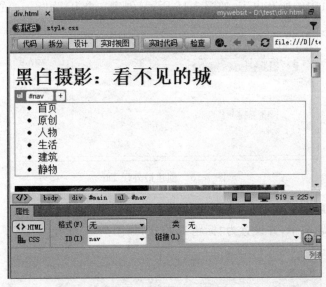

图 7-17　设置导航条列表

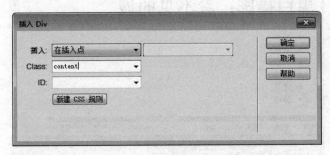

图 7-18　添加 4 个相同 class 的 Div

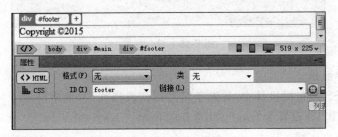

图 7-19　页尾 footer

看",没有排版可言,预览效果如图 7-20 所示。

2. 添加 CSS 样式

(1) 实现整体居中

为最外层 ID 为"main"的 Div 设置宽度为 960px,左右 margin(边界)都为 auto,即可实现 Div 的固定宽度且居中,如图 7-21 所示。

图 7-20　网页初始浏览效果

图 7-21　设定固定宽度及居中

（2）设置导航条样式

首先，将列表的每个项目实现左浮动，这样可以使纵向排列的列表项目横过来，如图 7-22 所示。

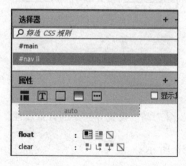

图 7-22　左浮动列表项

然后，为导航超链接添加其他 CSS 优化属性，分别设置为 display（显示）、width（宽度)、height(高度)及 padding(上填充),如图 7-23 所示;设置 color(颜色)、font-family(字体)、font-weight(粗细)、font-size(大小)、text-align(对齐方式)、text-decoration(文本修饰)及 list-style-type(列表项的标志类型),如图 7-24 所示;设置 background-color(背景色),如图 7-25 所示。

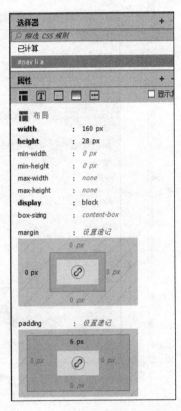

图 7-23　设置导航条的布局属性

图 7-24　设置导航条的文本属性

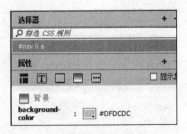

图 7-25　设置导航条的背景属性

得到的预览效果如图 7-26 所示。

(3) 设置内容区块样式

内容区域为 4 个相同显示的 Div,class 类名为"content"。分别设置 width(宽度)、margin(上下边界)及 float(浮动),如图 7-27 所示;设置 font-family(字体)、font-size(大

小)及 text-align(对齐方式),如图 7-28 所示。

图 7-26 导航条预览效果

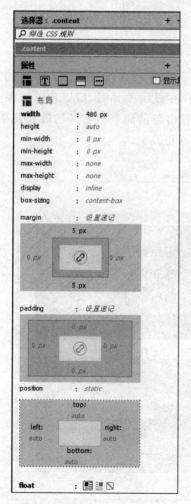

图 7-27 设置 content 类的布局属性

图 7-28 设置 content 类的文本属性

（4）设置页尾区域样式

页尾区域为网页的版权信息与日期，设置 font-family（字体）、font-size（大小）及 text-align（对齐方式），如图 7-29 所示。

图 7-29　设置 footer 的文本属性

在进行 CSS 布局美化的过程中，随时可以通过 F12 键进行页面的预览，在 Dreamweaver CC 的编辑状态与预览效果可能存在显示差异时，应以预览效果为准。本例完成后的页面预览效果如图 7-30 所示，可以看出与前面表格布局的效果几乎一致，但使用 CSS＋Div 的方式布局排版，灵活性和扩展性更高。

图 7-30　页面预览效果

本 章 实 训

【实训】

自拟一个主题，使用 CSS＋Div 布局完成一张网页，效果参考图 7-31。

图 7-31　布局草图

第 8 章　Flash 应用

　　早期的网页一直都是静态的，缺乏变化和生动，就像一本杂志的复印件一样，再怎么好看也像是一幅被定了格的风景——毫无生气。因为网络的带宽问题，使得连接传输速率很慢，要制作具有动画效果的 Web 网站很困难。随着网络技术的发展，多媒体技术在带宽问题被解决后，有了它不可替代的一席之地。

　　由此产生了 Flash 动画，Flash 的前身叫作 Future Splash，当时 Future Splash 最大的两个用户是 Microsoft 和 Disney。1996 年 11 月 Future Splash 正式卖给 Macromedia.com，改名为 Flash 1.0（网上也有信息称是 Flash 2.0）。

　　Flash 又被称为闪客，是由 macromedia 公司推出的交互式矢量图和 Web 动画的标准，由 Adobe 公司收购。网页设计者使用 Flash 创作出既漂亮又可改变尺寸的导航界面以及其他奇特的效果。Flash 通常也指 Macromedia Flash Player（现 Adobe Flash Player）。制作 Flash 的过程不太难，但是要有好的创意和美术功底才能做出好一些的 Flash 动画。

8.1　Flash 简介

8.1.1　Flash 的基本功能

　　Flash 是一种动画创作与应用程序开发于一身的创作软件，目前最新的零售版本为 Adobe Flash Professional CC（2014 年发布）。Flash CC 是采用的 64 位架构，它能使 Flash 更加模块化，为创建数字动画、交互式 Web 站点、桌面应用程序以及手机应用程序开发提供了功能全面的创作和编辑环境。Flash 广泛用于创建吸引人的应用程序，它们包含丰富的视频、声音、图形和动画。可以在 Flash 中创建原始内容或者从其他 Adobe 应用程序（如 Photoshop 或 Illustrator）导入它们，快速设计简单的动画，以及使用 Adobe ActionScript 3.0 开发高级的交互式项目。

　　Flash 动画主要是由矢量图形组成的，而且其播放采取了“流模式”，使其网页内的 Flash 动画能够边下载边播放，因此访问者可以很快就看到动画效果。Flash 既可以生成动画、创建互动性网页、在网页中加入声音，它还可以生成炫目的图形界面，同时它能生成独立于浏览器以外进行播放的 EXE 文件。

　　在现阶段，Flash 应用的领域主要有娱乐短片、片头、广告、MTV、导航条、小游戏、产品展示、应用程序开发的界面、开发网络应用程序等几个方面。Flash 已经大大增加了网络功能,可以直接通过 XML 读取数据,又加强了与 ColdFusion、ASP、JSP 和 Generator的整合,所以用 Flash 开发网络应用程序肯定会越来越广泛地被应用。

8.1.2 Flash 的工作界面

Flash 既是绘图工具又是电影编辑工具。Flash Professional CC 工作区由以下部分组成:一个舞台(可在上面放置媒体内容)、一个包含菜单和命令的主工具栏(用于控制应用程序功能)、多个浮动面板以及一个包含工具的工具栏(用于创建和修改矢量图形内容),如图 8-1 所示。

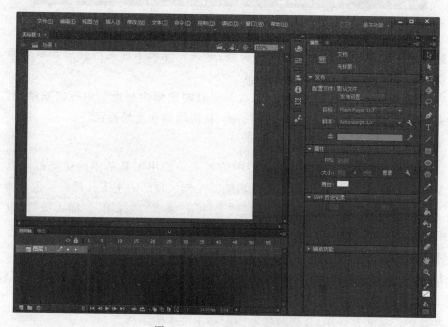

图 8-1 Flash 的工作主界面

1. 舞台

空心的方形填充屏幕的空白部分,在这里叫作舞台。在这个舞台上可以绘制图形和预览制作的电影。舞台是在其中放置图形内容的矩形区域,这些图形内容包括矢量插图、文本框、按钮、导入的位图图形或视频剪辑,诸如此类。Flash 创作环境中的舞台相当于Flash Player 中在回放期间显示 Flash 文档的矩形空间,可以在工作时放大和缩小以更改舞台的视图。

2. 时间轴

时间轴用于组织和控制文档内容在一定时间内播放的层数和帧数。与胶片一样,Flash 文档也将时长分为帧。层就像堆叠在一起的多张幻灯胶片一样,每个层都包含一个显示在舞台中的不同图像。时间轴的主要组件是层、帧和播放头。

文档中的层列在时间轴左侧的列中。每个层中包含的帧显示在该层名右侧的一行中。时间轴顶部的时间轴标题指示帧编号。播放头指示在舞台中当前显示的帧。

时间轴状态显示在时间轴的底部,它指示所选的帧编号、当前帧频以及到当前帧为止的运行时间,如图 8-2 所示。

图 8-2　时间轴面板

注意:在播放动画时,将显示实际的帧频;如果计算机不能足够快地显示动画,则该帧频可能与文档的帧频不一致。

可以更改帧在时间轴中的显示方式,也可以在时间轴中显示帧内容的缩略图。时间轴显示文档中哪些地方有动画,包括逐帧动画、补间动画和运动路径。

3. 主工具栏

Flash 配有标准的主工具栏。工具栏中的各项功能用工具条中的功能都可以实现。如果还不熟悉快捷键,可能会用得着菜单功能。工作区顶部的主工具栏显示包含命令(用于控制 Flash 功能)的菜单。这些菜单包括“文件”、“编辑”、“视图”、“插入”、“修改”、“文本”、“命令”、“控制”、“调试”、“窗口”和“帮助”。

4. 侧工具栏

在早期的 Flash 版本中,工具栏位于软件左侧,在 Flash CC 中,工具栏移动到软件的最右侧。侧工具栏看起来有点像其他图形程序中的工具条,它的功能就是生成和编辑图像。这些绘图工具非常好用,是修改各种图形必不可少的工具。

利用工具栏中的工具可以绘制、涂色、选择和修改插图,并可以更改舞台的视图。工具栏分为以下 4 个部分:

“工具”区域包含绘画、涂色和选择工具。

“视图”区域包含在应用程序窗口内进行缩放和移动的工具。

“颜色”区域包含用于笔触颜色和填充颜色的功能键。

“选项”区域显示选定工具的组合键,这些组合键会影响工具的涂色或编辑操作。

Flash 绘图是整个绘图过程中最烦琐、最耗时、最容易失去信心的地方,但又不能跳过也没有取巧的地方。此时需要的只是耐心,因为鼠标毕竟不是画笔,更不可能一步到位,其实大家平时所说的“鼠绘”就是用鼠标调整线段的过程。刚开始时会有些不顺的地方,多多练习一段时间以后就会得心应手的。所以之前在纸张上准备工作很重要。纸张上修改起来相对轻松很多,如果在电脑中进行此项的前期工作会更加费时费力地增加工作强度,反而工作效率不高。

5. "属性"检查器

使用"属性"检查器可以很容易地访问舞台或时间轴上当前选定项的最常用属性，从而简化了文档的创建过程。可以在"属性"检查器中更改对象或文档的属性，而不用访问包含这些功能的菜单或面板，如图8-3所示。

取决于当前选定的内容，"属性"检查器可以显示当前文档、文本、元件、形状、位图、视频、组、帧或工具的信息和设置。当选定了两个或多个不同类型的对象时，"属性"检查器会显示选定对象的总数。

6. 面板组

Flash主界面的右侧是面板组，面板组有助于查看、组织和更改文档中的元素。面板中的可用选项控制着元件、实例、颜色、类型、帧和其他元素的特征。

图8-3　"属性"检查器

面板组可以处理对象、颜色、文本、实例、帧、场景和整个文档。例如，可以使用混色器创建颜色，并使用"对齐"面板来将对象彼此对齐或与舞台对齐。要查看Flash中可用面板的完整列表，可查看"窗口"菜单。

大多数面板都包括一个带有附加选项的弹出菜单。该选项菜单由面板标题栏中的一个控件指示（如果没有出现选项菜单控件，该面板就没有选项菜单）。

8.1.3　Flash的工作流程

Flash的工作流程应该从创建新的Flash文档开始，最后以发布应用程序使其在Web上播放而结束。

（1）创建新文档是创建自己的新应用程序的起点。

（2）添加媒体内容，在应用程序中快速添加矢量插图、文本、位图图像、视频、声音、按钮以及影片剪辑。

（3）添加导航控件，利用Flash提供的内置组件和行为，可以将导航按钮和其他的用户界面元素拖到应用程序中。

（4）添加动画和基本的交互性，向应用程序添加内置特效和行为。

（5）测试应用程序，在Flash Player中预览应用程序，以确认它在发布之前可以正确工作。

（6）发布和查看应用程序，使应用程序准备好在Web上或其他要发布的位置进行部署。

8.1.4　Flash的基本操作

在Flash中工作时，是在Flash文档（即保存时文件扩展名为.fla的文件）中工作。在准备部署Flash内容时发布它，同时会创建一个扩展名为.swf的文件。

默认情况下，运行创建的应用程序的Flash Player随Flash一起安装。Flash Player

确保可以在最大范围内,在各种平台、浏览器和设备上以一致的方式查看和使用所有
SWF内容。

1. 创建新文档

(1) 执行"文件"→"新建"命令。

(2) 选择 ActionScript 3.0,阅读出现的文件类型描述,然后单击"确定"按钮,如图 8-4
所示。

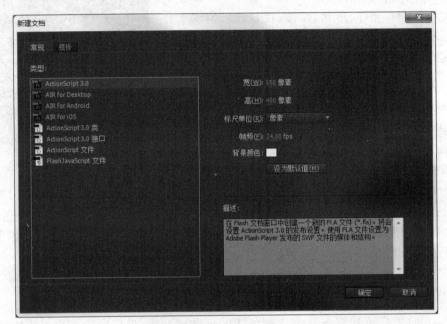

图 8-4　创建新文档

(3) 执行"文件"→"保存"命令。将文件命名为 myad.fla,然后将文件保存在桌面上
或任何方便的位置中。文件的扩展名为".fla"。

2. 定义文档属性

配置文档属性通常是制作中的第一步。可以使用
"属性"检查器来指定影响整个应用程序的设置,例如
每秒帧数(fps)播放速度,以及舞台大小和背景色。

如果"属性"检查器没有打开,可执行"窗口"→"属
性"命令。

使用"属性"检查器可以查看和更改所选对象的说
明。说明取决于所选对象的类型。例如,如果选择文
本对象,"属性"检查器将显示用于查看和修改文本属
性的设置。因为只打开了一个新文档,所以"属性"检
查器显示文档设置,如图 8-5 所示。

(1) 帧频

对于"帧频",请输入每秒显示的动画帧的数量。

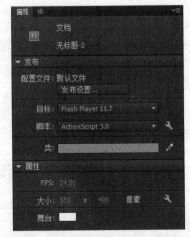

图 8-5　"属性"检查器显示文档设置

对于大多数计算机显示的动画,特别是 Web 站点中播放的动画,8fps(每秒帧数)到12fps 就足够了。Flash 动画的播放速度为每秒 12 帧,这是在 Web 上播放动画的最佳帧频。

(2) 尺寸

对于"尺寸",单击编辑 ActionScript 设置 🔧 ,出现如图 8-6 所示的对话框,请执行以下操作之一:

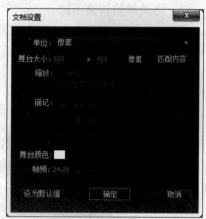

- 要指定舞台大小(以像素为单位),请在"舞台大小"中输入值。
- 默认文档大小为 550×400 像素。最小大小为 1×1 像素;最大为 8192×8192 像素。
- 要将舞台大小设置为内容四周的空间都相等,可单击"锚记"中的按钮。要最小化文档大小,请将所有元素对齐到舞台的左上角,然后单击"锚记"中按钮的方向按钮。
- "舞台颜色"框指示舞台的颜色。单击"舞台颜色"框上的向下箭头,然后在颜色样本上移动"滴管"工具,以便在"十六进制"文本框中查看它们的十六进制值。

图 8-6　文档属性"尺寸"

3. 使用帧和关键帧

关键帧是指在动画中定义的更改所在的帧,或包含修改文档的帧动作的帧。Flash可以在关键帧之间补间或填充帧,从而生成流畅的动画。因为关键帧可以不用画出每个帧就可以生成动画,所以能更容易地创建动画。可以通过在时间轴中拖动关键帧来更改补间动画的长度。

帧和关键帧在时间轴中出现的顺序决定它们在 Flash 应用程序中显示的顺序。可以在时间轴中排列关键帧,以便编辑动画中事件的顺序。

在时间轴上可以看到几种不同类型的帧:黑色的实心小圆圈代表关键帧,就是指一个有内容的、或者说是有内容改变的帧,它的作用是定义动画中的对象变化;白色的空心小圆圈代表空白关键帧,就是一个没有内容的关键帧;带有空心矩形的帧表示该帧是一系列相同帧中的最后一帧。在时间轴上还有一个红色播放头,用来显示当前帧的位置,同时在标尺上还会显示帧的编号。

在时间轴中,可以处理帧和关键帧,将它们按照想让对象在帧中出现的顺序进行排列。可以通过在时间轴中拖动关键帧来更改补间动画的长度。

(1) 插入新帧

执行"插入"→"时间轴"→"帧"命令。

(2) 创建新关键帧

执行"插入"→"时间轴"→"关键帧"命令,或者右击要在其中放置关键帧的帧,然后从上下文菜单中选择"插入关键帧"。

（3）创建新的空白关键帧

执行"插入"→"时间轴"→"空白关键帧"命令，或者右击要在其中放置关键帧的帧，然后从上下文菜单中选择"插入空白关键帧"。

（4）延长关键帧的持续时间

请按住 Alt 键将该关键帧拖到新序列持续时间的最后一帧。

（5）将关键帧转换为帧

右击该关键帧，然后从上下文菜单中选择"清除关键帧"。被清除的关键帧以及到下一个关键帧之前的所有帧都将被该关键帧之前的帧内容所替换。

（6）更改补间序列的长度

将开始关键帧或结束关键帧向左或向右拖动。要更改逐帧序列的长度。

4. 使用层

层就像透明的醋酸纤维薄片一样，一层层地向上叠加。层可以组织文档中的插图。可以在层上绘制和编辑对象，而不会影响其他层上的对象。如果一个层上没有内容，那么就可以透过它看到下面的层。

要绘制、上色或者对层做其他修改，需要选择该层以激活它。层名称旁边的铅笔图标表示该层或文件夹处于活动状态。一次只能有一个层处于活动状态（尽管一次可以选择多个层）。

当创建了一个新的 Flash 文档之后，它就包含一个层。可以添加更多的层，以便在文档中组织插图、动画和其他元素。可以创建的层数只受计算机内存的限制，而且层不会增加发布的 SWF 文件的大小。可以隐藏、锁定或重新排列层。

对声音文件、动作、帧标签和帧注释分别使用不同的层或文件夹是个很好的主意。这有助于在需要编辑这些项目时快速地找到它们。另外，使用特殊的引导层可以使绘画和编辑变得更加容易，而使用遮罩层可以创建复杂的效果。

层有 4 种状态：

- 活动状态：可以对该层进行各种操作。
- 隐藏状态：即在编辑时是看不见的，同时，处于隐藏状态的图层不能进行任何修改。这就产生了一个小技巧，当要对某个图层进行修改又不想被其他层的内容干扰时，可以先将其他图层隐藏起来。
- 锁定状态：被锁定的图层无法进行任何操作。在 Flash 制作中，大家应该养成个好习惯，凡是完成一个层的制作就立刻把它锁定，以免误操作带来麻烦。
- 外框模式：处于外框模式的层，其上的所有图形只能显示轮廓。请注意，其他图层都是实心的方块，独有此层是外框形式。

（1）创建层

在创建了一个新层之后，它将出现在所选层的上面。新添加的层将成为活动层。

方法：单击时间轴底部的插入图层按钮 ⬜ 。

（2）删除层或文件夹

选择该层或文件夹。将层或文件夹拖到删除图层按钮 🗑 。

注意：删除层文件夹之后，所有包含的层及其内容都会删除。

5. 使用元件

（1）什么是"元件"与"实例"

"元件"是在 Macromedia Flash MX 2004 中创建的图形、按钮或影片剪辑。元件只需创建一次，然后即可在整个文档或其他文档中重复使用。元件可以包含从其他应用程序中导入的插图。创建的任何元件都会自动成为当前文档的库的一部分。

每个元件都有自己的时间轴。可以将帧、关键帧和层添加至元件时间轴。如果元件是影片剪辑或按钮，则可以使用动作脚本控制元件。

"实例"是指位于舞台上或嵌套在另一个元件内的元件副本。实例可以与它的元件在颜色、大小和功能上差别很大。编辑元件会更新它的所有实例，但对元件的一个实例应用效果则只更新该实例。

在文档中使用元件可以显著减小文件的大小；保存一个元件的几个实例比保存该元件内容的多个副本占用的存储空间小。例如，通过将诸如背景图像这样的静态图形转换为元件然后重新使用它们，可以减小文档的文件大小。使用元件还可以加快 SWF 文件的回放速度，因为一个元件只需下载到 Flash Player 中一次。

创建元件的方法：确保未在舞台上选定任何内容，选择"修改"→"新建元件"。在"创建新元件"对话框中，输入元件名称并选择行为（"图像"、"按钮"或"影片剪辑"）。

（2）元件的类型

每个元件都有一个唯一的时间轴和舞台，以及几个层。创建元件时要选择元件类型，这取决于在文档中如何使用该元件。

- 图形元件可用于静态图像，并可用来创建连接到主时间轴的可重用动画片段。图形元件与主时间轴同步运行。交互式控件和声音在图形元件的动画序列中不起作用。

- 使用按钮元件可以创建响应鼠标单击、滑过或其他动作的交互式按钮。可以定义与各种按钮状态关联的图形，然后将动作指定给按钮实例。

- 使用影片剪辑元件可以创建可重用的动画片段。影片剪辑拥有它们自己的独立于主时间轴的多帧时间轴。可以将影片剪辑看作是主时间轴内的嵌套时间轴，它们可以包含交互式控件、声音甚至其他影片剪辑实例。也可以将影片剪辑实例放在按钮元件的时间轴内，以创建动画按钮。

6. 发布和查看应用程序

完成文档编辑后，可使用"发布"命令创建一个 Web 兼容的应用程序（创建为 SWF 文件）。

如果使用默认设置的"发布"命令，Flash 会为在 Web 上使用而准备文件。Flash 将发布该 SWF 文件，并创建带有显示 SWF 文件所需标记的 HTML 文件。

定义了必需的发布设置之后，只需选择"文件"→"发布"命令即可将文件重复导出为所有选定的格式。由于 Flash 会存储文档所用的发布设置，因此每个应用程序都可以有自己的设置。

8.2　创建逐帧动画

8.2.1　逐帧动画的概念

逐帧动画就是通过更改每一帧中的舞台内容而获得动画效果,它最适合于每一帧中的图像都在更改而不是仅仅简单地在舞台中移动的复杂动画。逐帧动画的缺点是太耗费时间和精力,而且最终生成的动画文件偏大。但是,它也有自己的优点,即能最大限度地控制动画的变化细节。逐帧动画是常用的动画表现形式,也就是一帧一帧地将动作的每个细节都画出来。显然,这是一件很吃力的工作,但是使用一些小的技巧能够减少一定的工作量。

8.2.2　逐帧动画的创建过程

要创建逐帧动画,需要将每个帧都定义为关键帧,然后给每个帧创建不同的图像。每个新关键帧最初包含的内容和它前面的关键帧是一样的,因此可以递增地修改动画中的帧。

1. 创建逐帧动画的几种方法

(1) 用导入的静态图片建立逐帧动画

将 JPG、PNG 等格式的静态图片连续导入 Flash 中,就会建立一段逐帧动画。

(2) 绘制矢量逐帧动画

用鼠标或压感笔在场景中一帧帧地画出帧内容。

(3) 文字逐帧动画

用文字作为帧中的元件,实现文字跳跃、旋转等特效。

(4) 导入序列图像

可以导入 GIF 序列图像、SWF 动画文件或者利用第三方软件(如 Swish、Swift 3D 等)产生的动画序列。

创建逐帧动画的基本过程就是: 在各帧中绘制逐渐变化的图像,如果必要,添加图层以使多个对象不互相干扰(不同图层上也可以是另外的逐帧动画)。

2. 绘图纸功能

绘图纸是一个帮助定位和编辑动画的辅助功能,这个功能对制作逐帧动画特别有用。通常情况下,Flash 在舞台中一次只能显示动画序列的单个帧。使用绘图纸功能后,就可以在舞台中一次查看两个或多个帧了。

另外,在逐帧动画中,动作主体的简单与否对制作的工作量有很大的影响,擅于将动作的主体简化,可以成倍提高工作的效率。

一个最明显的例子就是小小的"火柴人"功夫系列,动画的主体相当简化,以这样的主体来制作以动作为主的影片,即使用完全逐帧的制作,工作量也是可以承受的。试想用一个逼真的人的形象作为动作主体来制作这样的动画,工作量就会增加很多。

注：对于不是以动作为主要表现对象的动画，画面简单也是省力良方。

循环法是最常用的动画表现方法，将一些动作简化成由只有几帧、甚至两三帧的逐帧动画组成的影片剪辑，利用影片剪辑的循环播放的特性，来表现一些动画，例如头发、衣服飘动，走路、说话等动画经常使用该法。

【**实例 8-1**】　利用逐帧动画实现天蓬元帅飘动的斗篷。

（1）创建新文档，单击"图层 1"使之成为活动层，选择第一个帧。

（2）如果该帧不是关键帧，请选择"插入"→"时间轴"→"关键帧"使之成为一个关键帧。

（3）在序列的第一个帧上创建插图。可以使用绘画工具、从剪贴板中粘贴图形，或导入一个文件，在这里，导入一张预先制作好的 GIF 图片。将文件直接导入到当前的 Flash文档中，请选择"文件"→"导入到舞台"，如图 8-7 所示。

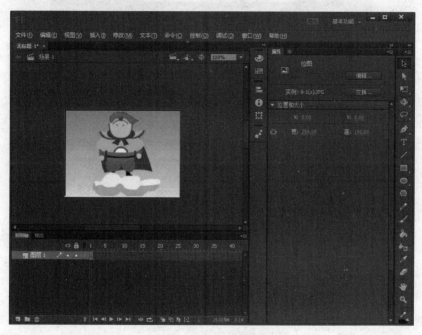

图 8-7　导入图片到舞台

（4）单击同一行中右侧的下一帧，然后选择"插入"→"时间轴"→"关键帧"，这将添加一个新的关键帧，其内容和第一个关键帧一样。

（5）在舞台中改变该帧的内容，把原内容删除，重新导入第二张图片。

（6）要完成逐帧动画序列，重复第（4）步和第（5）步，直到创建了所需的动作。

（7）单击时间轴上的"洋葱皮"，利用绘图纸功能，调整三个动作在位置上的一致性，如图 8-8 所示。

（8）保存文档，测试动画序列，请选择"控制"→"播放"或按下 Ctrl＋Enter 键快速发布 SWF 文件。

（9）在源文件 FLA 保存路径下，会自动生成一个同名的 SWF 文件，该文件可直接双击播放或插入到网页中。如图 8-9 所示。

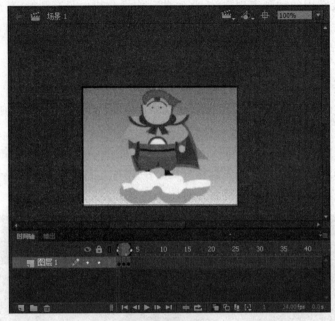

图 8-8　绘图纸功能

第1帧　　　　　　　　第2帧　　　　　　　　第3帧

图 8-9　逐帧动画示例

实例 8-1 中天蓬元帅斗篷的飘动的动画就是由三帧组成的影片剪辑,只需要画出一帧,其他两帧可以在第一帧的基础上稍做修改便完成了。这种循环的逐帧动画,要注意其"节奏",做好了能取得很好的效果。

8.3　创建补间动画

8.3.1　补间动画的概念

1. 补间动画的概念

补间动画,这一名称源自这种动画涉及动作的特点,以及动作的创建方式。术语补间(tween)是补足区间(in between)的简称。可通过以下方法来定义补间动画:定义要为其制作动画的对象的起始位置和结束位置,然后让 Flash 计算该对象的所有补足区间位置。

使用这种方法，只需设置要为其制作动画的对象的起始位置和结束位置，就可以创建平滑的动作动画。

补间动画也是 Flash 中非常重要的表现手段之一，补间动画的对象必须是"元件"或"成组对象"。

运用补间动画，可以设置元件的大小、位置、颜色、透明度、旋转等种种属性，配合别的手法，甚至能做出令人称奇的仿 3D 的效果来。

在 Flash 的时间帧面板上，在一个时间点（关键帧）放置一个元件，然后在另一个时间点（关键帧）改变这个元件的大小、颜色、位置、透明度等，Flash 根据二者之间的帧的值创建的动画被称为变形动画。

构成动作补间动画的元素是元件，包括影片剪辑、图形元件、按钮等，除了元件，其他元素包括文本都不能创建补间动画的，其他的位图、文本等都必须要转换成元件才行，只有把形状"组合"或者转换成"元件"后才可以做"补间动画"。

2. 创建动作补间动画的方法

补间动画的原理是：在第一个关键帧中设置元件实例、群组体或文字的属性，然后在第二个关键帧中修改对象的属性，从而在两帧之间产生动画效果，可以修改的属性包括大小、颜色、旋转和倾斜、位置、透明度以及各种属性的组合。

在时间轴面板上动画开始播放的地方创建或选择一个关键帧并设置一个元件，一帧中只能放一个项目，在动画要结束的地方创建或选择一个关键帧并设置该元件的属性，再单击开始帧，单击右键，在弹出的菜单中选择"创建补间动画"，就建立了"动作补间动画"。动作补间动画建立后，时间帧面板的背景色变为淡紫色，在起始帧和结束帧之间会变成蓝色，如图 8-10 所示。

图 8-10　补间动画

8.3.2　补间动画示例

1. 使用运动引导层

运动引导层可以绘制路径，元件可以沿着这些路径运动。可以将多个层链接到一个运动引导层，使多个对象沿同一条路径运动。链接到运动引导层的常规层就称为引导层。

【实例 8-2】　使用运动引导层，实现飘落的树叶补间动画。

（1）创建新文档，单击"图层 1"使之成为活动层，选择第一个帧。

（2）如果该帧不是关键帧，请选择"插入"→"时间轴"→"关键帧"使之成为一个关键帧。

（3）在序列的第一个帧上绘图，在左侧工具条中选择"铅笔"工具，选项使用"平滑"，然后在舞台中绘制绿色的树叶，如图 8-11 所示。

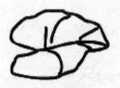

图 8-11　绘制树叶

（4）将绘制的树叶转换为元件，区域选中树叶，选择"修改"→"转换为元件"，弹出如图 8-12 所示的"转换为元件"对话框，输入元件名称并选择行为为"图形"。

图 8-12　将树叶转换为元件

（5）创建树叶的补间动画，设定第 1 帧的树叶飘落起始位置和第 30 帧的终止位置，单击开始帧，单击右键，在弹出的菜单中选择"创建补间动画"，就建立了"动作补间动画"，如图 8-13 所示。按 Enter 键，测试动画播放，这时发现树叶是直线飘落。

（6）选择包含树叶的图层，右击，然后从上下文菜单中选择"添加传统引导层"。

Flash 会在所选的图层之上创建一个新图层，该图层名称的左侧有一个运动引导层图标，如图 8-14 所示。

图 8-13　设定树叶补间动画

图 8-14　添加引导层

（7）使用"钢笔"、"铅笔"、"直线"、"圆形"、"矩形"或"刷子"工具绘制所需的路径。将中心与线条在第一帧中的起点和最后一帧中的终点对齐，如图 8-15 所示。

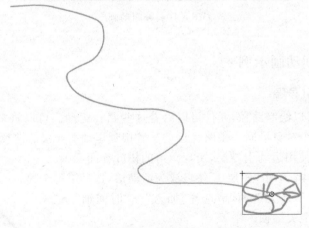

图 8-15　描绘路径

要隐藏运动引导层和线条，以便在工作时只显示对象的移动，请单击运动引导层上的眼睛 👁 列。当播放动画时，组或元件将沿着运动路径移动。

（8）若要使树叶飘落效果更逼真，可在开始帧和结束帧之间另外再创建几个关键帧，制作树叶飘落的中间状态，适当使用缩放大小或旋转角度。

（9）保存文档，测试动画序列，请选择"控制"→"播放"或按下 Ctrl＋Enter 键快速发布 SWF 文件。在源文件 FLA 保存路径下，会自动生成一个同名的 SWF 文件，该文件可直接双击播放或插入到网页中。

2. 遮罩特效

要获得聚光灯效果以及转变，可以使用遮罩层创建一个孔，通过这个孔可以看到下面的层。遮罩项目可以是填充的形状、文字对象、图形元件的实例或影片剪辑。可以将多个图层组织在一个遮罩层之下来创建复杂的效果。

要创建动态效果，可以让遮罩层动起来。对于用作遮罩的填充形状，可以使用补间形状；对于文字对象、图形实例或影片剪辑，可以使用补间动画。当使用影片剪辑实例作为遮罩时，可以让遮罩沿着运动路径运动。

要创建遮罩层，可以将遮罩项目放在要用作遮罩的层上。和填充或笔触不同，遮罩项目像是个窗口，透过它可以看到位于它下面的链接层区域。除了透过遮罩项目显示的内容之外，其余的所有内容都被遮罩层的其余部分隐藏起来。一个遮罩层只能包含一个遮罩项目。按钮内部不能有遮罩层，也不能将一个遮罩应用于另一个遮罩。

【实例 8-3】　制作探照灯效果的标题文字。

（1）创建新文档，单击"图层 1"使之成为活动层，选择第一个帧。

（2）如果该帧不是关键帧，请选择"插入"→"时间轴"→"关键帧"使之成为一个关键帧。

（3）制作探照灯效果的背景层，使用了深色背景，深色文字加投影效果，如图 8-16所示。

（4）在背景层之上创建一个新层，其中包含遮罩中的对象，绘制浅色背景，桔色文字加投影，注意使用"洋葱皮"，使文字与背景层中的文字重叠，如图 8-17 所示。

图 8-16　背景层　　　　　　　　图 8-17　探照灯下的文字

（5）再创建一个新层，作为遮罩层，在该层上绘制一个填充形状，在这里绘制的是一个圆。右击，然后从上下文菜单中选择"遮罩层"。

Flash 会忽略遮罩层中的位图、渐变色、透明、颜色和线条样式。在遮罩中的任何填充区域都是完全透明的；而任何非填充区域都是不透明的。

该层将转换为遮罩层，这将用一个遮罩层图标来表示。紧贴它下面的层将链接到遮罩层，其内容会透过遮罩上的填充区域显示出来。被遮罩的层将以缩进形式显示，其图标将更改为一个被遮罩的层的图标，如图 8-18 所示。

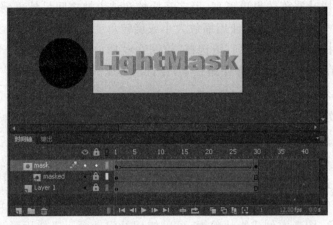

图 8-18　制作遮罩层

（6）为遮罩层创建补间动画，使圆球从左向右开始动画，如图 8-19 所示。

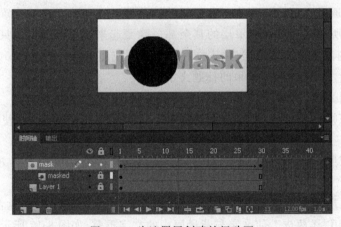

图 8-19　为遮罩层创建补间动画

（7）保存文档，测试动画序列，选择"控制"→"播放"或按下 Ctrl＋Enter 键快速发布 SWF 文件，效果如图 8-20 所示。在源文件 FLA 保存路径下，会自动生成一个同名的 SWF 文件，该文件可直接双击播放或插入到网页中。

注意：遮罩原理在于使用一个图形作为透过光线的区域，当这个图形所在层转为遮罩层时，图形区域下一层的物体可见，而图形区域外的物体不可见。所以，实例 8-3 中若无第（3）步制作背景层，则会在遮罩图形以外的地方显示空白背景，如图 8-21 所示。

图 8-20　探照灯效果　　　　　　　　图 8-21　无背景层效果

8.4 创建形变动画

8.4.1 形变动画的概念

形变动画又称为形状补间动画,是 Flash 独具特色的动画表现方法,尤其在文字与图形之间的变化上更是运用广泛。形变动画就是指在两个或两个以上的关键帧之间对对象的属性进行渐变。

可以渐变的属性有大小,如一个小的对象渐变为一个大的对象;颜色,如红色的对象变为蓝色;形状本身,如圆形变为方形;文字,即由一个文字变为另一个文字等。

生成形变动画的对象必须是"形状"。所谓"形状"是指直接用绘图工具绘制出来的对象,或将文字或元件实例执行"修改"菜单中的"分离"命令(快捷键为 Ctrl+B)打散后分离成的形状。如图 8-22 所示是一个形变动画的效果。

图 8-22 形变动画效果图

8.4.2 形变动画的创建过程

形变动画的关键就是制作好头尾两个关键帧的动画内容,而动画的效果是由软件自动产生的。

形变动画形变的对象必须是"散"的图形,所谓"散"的图形,即图形上有无数个点堆积而成的,而并非是一个整体。

利用绘图工具直接绘制各种图形,如椭圆、多边形等"散"的图,或者利用"分离"命令打散各种文字、各种图片、图像,就完成了"散"的图形。形变动画就是在两点之间发生形状或颜色的变化,而这两点,在 Flash 里就是"关键帧"。一般步骤就是在"起点"帧和"终点"帧之间添加补间动作为"图形"(shape,形状)。

8.4.3 形变的方向控制

在制作形变动画时,可以通过给动画添加形状提示标识点来控制动画的效果——也就是说,可以控制形状以什么方向或方式渐变。下面以一个形变动画为例,说明如何利用添加形状提示标识点的方式控制形变动画的效果。

【实例 8-4】 圆形和五角星之间交互变形。

步骤如下:

（1）创建新文档，单击"图层 1"使之成为活动层，选择第一个帧。

（2）选择绘图工具条中的椭圆工具，单击填充颜色设置按钮，把填充颜色设为蓝色，按住 Shift 键，用鼠标画一个蓝色正圆形。用箭头工具选中圆形边线，按 Delete 键将圆边删除，如图 8-23 所示。

（3）选中时间轴上的第 10 帧，按 F7 键插入空白关键帧。选择钢笔工具，将填充颜色设为绿色，此时鼠标移动到舞台上时，变为钢笔笔触的形状，单击左键会在舞台上留下一个节点，按这种方法依次单击并移动鼠标，最后在舞台上勾画出一个闭合五角星，结果如图 8-24 所示。

图 8-23　画出的正圆形

图 8-24　画出的五角星

（4）在第 11 帧中按 F6 键插入关键帧，这时第 10 帧中的内容会自动出现在该帧里，在第 20 帧中按 F7 键插入空白关键帧，回到第 1 帧把该帧中的内容按 Ctrl＋C 键复制，在第 20 帧按 Ctrl＋Shift＋V 键原位粘贴。

（5）选择到第 1 帧，在"属性"面板的"补间"下拉列表中选择"形状"选项。同样对第 11 帧做此设置。做好后的时间轴会变为淡绿色，并且在两个关键帧之间有一个黑色箭头出现，如图 8-25 所示。此时可直接按 Enter 键测试动画效果。

图 8-25　设置形变动画

（6）在第 1 帧中，选择"修改"菜单中"形状"下面的"添加形状提示"命令，则在图形上会出现一个 标志。右击该标志，在弹出菜单中选择"添加提示"命令，可添加数个标识点（也可叫作"变形线索"，以英文字母 a～z 为序，最多可加 26 个），这里，为了使变形效果好些，添加了 5 个，如图 8-26(a)所示。这时，在第 10 帧中的图形同样会自动出现 5 个标识点，如图 8-26(b)所示。适当用鼠标拖动摆放后，标识点会变为绿色，如图 8-26(c)所示。第 1 帧中的标识点自动变为黄色，如图 8-26(d)所示。对第 11 帧和第 20 帧用同样的方法设置。

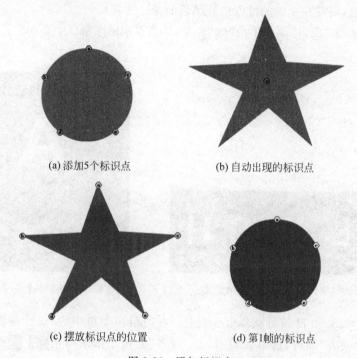

(a) 添加5个标识点　　　　　　　(b) 自动出现的标识点

(c) 摆放标识点的位置　　　　　　(d) 第1帧的标识点

图 8-26　添加标识点

（7）保存文档，测试动画序列，请选择"控制"→"播放"或按下 Ctrl＋Enter 键快速发布 SWF 文件。在源文件 FLA 保存路径下，会自动生成一个同名的 SWF 文件，该文件可直接双击播放或插入到网页中。

8.4.4　文字形变动画示例

【实例 8-5】　英文字母 F、L、A、S、H 之间的字形和颜色随时间变化相互平滑过渡转换。

步骤如下：

（1）创建新文档，在影片属性面板中将影片舞台的宽设为 100px，高设为 100px，背景颜色设为蓝色。

（2）单击"图层 1"使之成为活动层，选择第一个帧。选择绘图工具条中的文字工具 T，然后在"属性"菜单中，选择好字体、字号，并设定颜色为黄色，如图 8-27 所示。

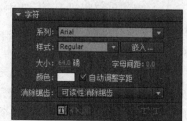

图 8-27　设置字符属性

把鼠标移到舞台中单击,出现一个文字输入框,输入字母"F"。选择箭头工具,这时字母 F 的周围出现一个蓝线方框,表示该字母已经成为一个组合体。选中这个字母,单击绘图工具条中的任意变形工具 ,这时,F 周围出现缩放手柄。把这处字母放大到合适为止,如图 8-28 所示。按 F8 键,弹出"元件属性"对话框,将字母 F 作为"元件"保存为图形。依法炮制字母 L、A、S、H,结果如图 8-29 所示。(提示:L、A、S、H 字符如果用不同的颜色,则可在变形的过程中有颜色的变化效果)

图 8-28 字母 F

(3) 这时,单击"窗口"菜单下的"库"命令,就会发现图库窗口中有 5 个符号,如图 8-30 所示。

图 8-29 字符 F、L、A、S、H 的效果

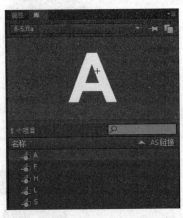

图 8-30 包括 5 个符号的图库

(4) 将 L、A、S 和 H 符号从舞台上删去。在"窗口"菜单中的"设计面板"下选择"对齐"命令,调出"对齐"面板,选中 F 符号,在"对齐"面板中依次单击 图标将其与舞台中心对齐。

(5) 单击时间轴的第 12 帧,按 F7 键,插入空白关键帧,将字母 L 的符号拖入舞台,用上面的方法与舞台中心对齐。分别在第 24 帧、第 36 帧、第 48 帧和第 60 帧插入关键帧,并把相应的字母变成 A、S、H、F 的符号拖入。用同样的方法,将其与舞台中心对齐。(提示:把第 1 帧和第 60 帧两帧都放上 F 的符号,目的是为了让变形能够产生循环)

(6) 因为要制作的是形状渐变动画,所以首先要把字符打散成形体。选择第 1 帧,按 Ctrl+B 键,把字母 F 打散。然后依次选择第 12、24、36、48、和 60 帧,按 Ctrl+B 键,把字母 L、A、S、H、和 F 分别打散。

(7) 现在可以做动画了,选中第 1 帧,在"属性"面板的"补间"下拉列表中选"形状"选项。然后分别对第 12 帧、24 帧、36 帧及 48 帧都做如此操作。最后的状态如图 8-31 所示。

(8) 若想使文字形变效果更完美,可以适当添加"形变提示"标识点。保存文档,测试动画序列,请选择"控制"→"播放"或按下 Ctrl+Enter 键快速发布 SWF 文件。在源文件 FLA 保存路径下,会自动生成一个同名的 SWF 文件,该文件可直接双击播放或插入到网页中。

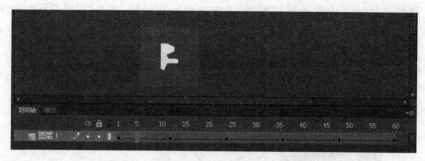

图 8-31　时间轴窗口

8.5　常用的网页 Flash 元素

8.5.1　Flash 按钮制作

Flash 的交互性是它最迷人的特点,用户设计的动画,挂到网上通过各式各样的按钮交互,可以让浏览者亲自参与控制和操作影片的进程。

在前面章节已经介绍过 Dreamweaver 中制作 Flash 按钮、Flash 文本的方法,用 Dreamweaver 生成的 Flash 只有 SWF 文件而没有源文件,而且实现的效果也比较有限。Flash 软件也提供了许多现成的按钮,从"窗口"→"其他面板"→"公用库"中的"按钮"中可以找到,只要拖曳到场景中,给按钮加上动作就可以了,但这是比较"应付"的做法,如果希望自己做些个性化的按钮,就需要了解按钮的内部制作原理。

步骤:

(1) 首先,按钮是 Flash 三种元件(影片剪辑\按钮\图形)之一,选择"修改"→"新建元件"创建一个元件,并定义其类型为"按钮"。

(2) 编辑按钮。按钮实际上是四帧的交互影片剪辑。当为元件选择按钮行为时,Flash 会创建一个四帧的时间轴。前三帧显示按钮的三种可能状态;第四帧定义按钮的活动区域。时间轴实际上并不播放,它只是对指针运动和动作做出反应,跳到相应的帧,如图 8-32 所示。

图 8-32　按钮的四帧

要制作一个交互式按钮,可把该按钮元件的一个实例放在舞台上,然后给该实例指定动作。必须将动作指定给文档中按钮的实例,而不是指定给按钮时间轴中的帧。

按钮元件的时间轴上的每一帧都有一个特定的功能:

- 第一帧是弹起状态,代表指针没有经过按钮时该按钮的状态。
- 第二帧是指针经过状态,代表当指针滑过按钮时,该按钮的外观。
- 第三帧是按下状态,代表单击按钮时,该按钮的外观。
- 第四帧是"单击"状态,定义响应鼠标单击的区域。此区域在 SWF 文件中是不可见的。

（3）把按钮从"库"中拖放到主场景，右击按钮所在的帧，选择"动作"为按钮添加脚本程序。在弹出的"动作"窗口中，单击右上角的"<>"代码片段符号，如图 8-33 所示。

图 8-33　动作窗口

（4）在弹出的"代码片段"窗口中，选择"动作"文件夹→"单击以转到 Web 页"，如图 8-34 所示。Flash CC 将自动为按钮创建实例名称，在此例中为"button_1"，并自动生成对应代码。

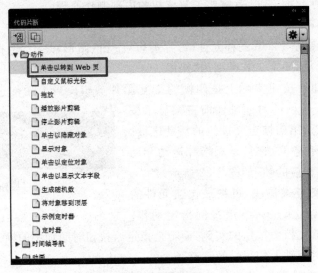

图 8-34　代码片段

（5）在自动生成的代码中，将代码：

```
navigateToURL(new URLRequest("http://www.adobe.com"), "_blank");
```

括号内的 URL 地址改为实际想要跳转的 URL 即可,例如以下代码:

```
navigateToURL(new URLRequest("index.html"), "_blank");
```

效果如图 8-35 所示。

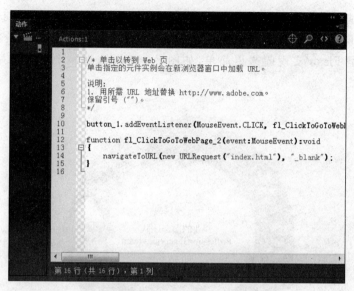

图 8-35　单击以转到 Web 页的代码

按钮还有其他一些常用的动作,可查询 ActionScript 3.0 的相关帮助信息。

注意:

(1) 按钮元件内部可以建立很多层,不要受到系统默认只给一层的局限。

(2) 在按钮中的某一个关键帧中可以存放影片剪辑,例如在"指针经过"状态关键帧中放入一个影片剪辑,那么影片中把鼠标放到按钮上,按钮就会变成这个影片剪辑的内容。

(3) 在按钮元件的编辑状态中不能添加动作。

(4) 在按钮中可以适当添加响应音效,例如在"指针经过"帧中拖放一个音效,那么影片中鼠标划过按钮时,影片就会出现相应的音效。

(5) 在制作按钮的时候,时间轴下方的洋葱皮工具是好伙伴,可以利用它比较准确地调整这几个关键帧的形态,尤其是制作"单击"时要用到。

8.5.2　网页中的 Flash 导航条

为方便访客浏览,导航菜单是每个网站必不可少的,一个漂亮精美的 Flash 导航菜单是每个站长所向往的。Flash 导航条就是由一个个 Flash 按钮构成的,也就是说,只要会做 Flash 按钮就会做 Flash 导航条了。

设计思路如下:

(1) 制作背景,为导航条设计一个背景效果。

(2) 根据网站栏目需求,制作若干个按钮元件,为按钮设计各种效果。

（3）整合主场景，将按钮排列起来，可以横向、纵向排列，或者按个人喜好设计不规则排列。

（4）依次为每个按钮添加动作，设置为按钮添加动作代码，可以链接至网页或影片的其他帧。

（5）发布成 SWF 文件后，利用 Dreamweaver 将 Flash 动画添加至网页。

虽然如今可使用 HTML5 技术实现简单交互式的导航条，但遇到复杂造型和动作需求的动画，还是 Flash 实现起来更简单，如图 8-36 所示，为一个企业网站的环形箭头导航。

图 8-36　企业网站环形箭头

8.5.3　Flash Banner 制作

现在很多网站以及个人站点都有很精美的片头 Flash 动画，作为网站宣传或广告设计，这就是 Banner。Banner 作为网幅广告、旗帜广告、横幅广告，是网站中网络广告的主要表现形式。Banner 是位于网页顶部、中部、底部任意一处，是横向贯穿整个或者大半个页面的广告条。

1. Banner 的规格

Banner 广告有多种表现规格和形式，通常采用 GIF 格式的图像文件，使用静态图形，也可用多帧图像拼接为动画图像。但在现在多样化的网站中，更多地使用动画、Flash 等方式来制作 Banner 广告。

除了标准标志广告，早期的网络广告还有一种略小一点的广告，称为按钮式广告（BUTTON），常用的按钮广告尺寸有 4 种：125×125（方形按钮），120×90，120×60，88×31。随着网络广告的不断发展，新形式和新规格的网络广告不断出现，因此也在不断产生新的网络广告标准。全屏的收缩 Banner 宽度可能会达到 750px 以上。

2. Banner 的设计思路

由于 Banner 广告的使命是在最短时间内传达一个简洁明了的信息或意念，Flash Banner 广告的创作比一般意义上的 Flash 动画更为自由，可以在不同的景物、文字画面之间快速变化，以达到广告的目的。

运用色彩艺术手段进行 Banner 设计的目的是通过色彩的渲染，以真实、亲切、艳丽获取更良好的第一印象，并唤起访问者感情的共鸣，更有效地吸引访问者的注意，从而达到宣传主题的目的。

以一幅西祠胡同网站的 SUV 大赛宣传 Flash 广告为例，西祠设计了多层的补间动画广告，在动画中使用了西祠吉祥物大熊猫作为主要人物，几只大熊猫逐个从右侧出现，进行赛车比赛并决出名次，通过动画的循环播放，吸引人们的关注，如图 8-37 所示。

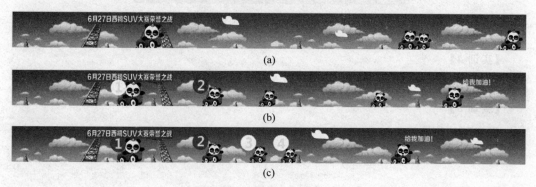

图 8-37　西祠胡同宣传 banner

本 章 实 训

【实训 1】

熟悉 Flash 的工作界面，熟练使用 Flash 的绘图工具，绘制各种图形。

【实训 2】

练习逐帧动画，制作如图 8-38 所示的逐帧动画。

图 8-38　逐帧动画参考图

【实训 3】

完成如图 8-39 所示的路径补间动画。

图 8-39　路径补间动画参考图

【实训 4】

参照实例 8-5,完成"有志者事竟成"的文字形变动画。

【实训 5】

设计网站的导航条与 Banner。

第 9 章　Fireworks 应用

　　Fireworks 是 Macromedia 公司发布的一款专为网络图形设计的图形编辑软件,它大大简化了网络图形设计的工作难度,无论是专业设计家还是业余爱好者,使用 Fireworks 都不仅可以轻松地制作出十分动感的 GIF 动画,还可以轻易地完成大图切割、动态按钮、动态翻转图等,因此,对于辅助网页编辑来说,Fireworks 将是最大的功臣。

　　2005 年,Macromedia 公司被 Adobe 收购,Fireworks 随之跟随至 Adobe。

　　2013 年 5 月,在宣布终结 Creative Suite(CS)家族的同时,Adobe 宣布迎来 Creative Cloud(CC)全新系列应用和服务。同时,Adobe 表示,Fireworks 不会包含在 CC 家族中,开发团队将专注于开发全新的工具来满足消费者的需求。这样做的主要原因是 Fireworks、Photoshop、Illustrator、Edge Reflow 之间在功能上有较多重叠。

　　目前 Fireworks 的最终版本为 CS6,Adobe 不再为其开发新的功能,今后只是提供必要的安全更新和 bug 修复。

9.1　Fireworks 简介

9.1.1　Fireworks 的基本功能

　　Fireworks 是用来设计和制作专业化网页图形的终极解决方案。它是第一个可以帮助网页图形设计人员和开发人员解决所面临的特殊问题的制作环境。

　　使用 Fireworks,可以在一个专业化的环境中创建和编辑网页图形、对其进行动画处理、添加高级交互功能以及优化图像。在 Fireworks 中,可以在单个应用程序中创建和编辑位图和矢量两种图形。可以设计网页效果(如变换图像和弹出菜单)、修剪和优化图形以减小其文件大小以及通过使重复性任务自动进行来节省时间。除此之外,工作流可以实现自动化,从而满足耗费时间的更新和更改要求。

　　在完成一个文档后,可以将其导出或另存为 JPEG 文件、GIF 文件或其他格式的文件,与包含 HTML 表格和 JavaScript 代码的 HTML 文件一起用于网页。如果想继续使用其他应用程序(如 Photoshop 或 Flash)编辑该文档,还可以导出特定于相应应用程序的文件类型。

9.1.2 Fireworks 的工作界面

启动 Fireworks CS6 之后，默认情况下并没有打开任何文档，按 Ctrl＋N 组合键，新建一个文档或者按 Ctrl＋O 组合键打开一个文档，此时它的界面如图 9-1 所示。

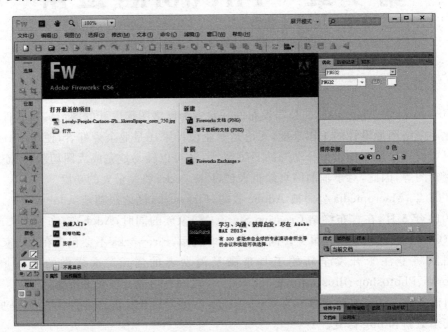

图 9-1 Fireworks CS6 的工作界面

Fireworks 的工作界面由"菜单栏"、"工具栏"、"工作区"、"工具条"、"组合面板"和"属性框"6 个部分组成。

"工作区"窗口出现在应用程序的中心。在工作区上不仅可以绘制矢量图，也可以直接处理点阵图（位图）。工作区上有 4 个选项卡，当前是"原始"选项窗，也就是工作区，只有在此窗口中才能编辑图像文件。而在"预览"选项窗中则可以模拟浏览器预览制作好的图像。"2 幅"和"4 幅"选项卡则分别是在 2 个和 4 个窗口中显示图像的制作内容。

"工具条"位于屏幕的左侧，该面板分成了多个类别并用标签标明，其中包括位图、矢量和网页工具组。

"组合面板"多达 18 个，分别为"优化、层、公用库、CSS 属性、页面、状态、历史记录、自动形状、样式、文档库、URL、混色器、样本、信息、行为、查找和替换、对齐和路径面板"等。每个面板既可相互独立进行排列又可与其他面板组合成一个新面板。但各面板的功能依然相互独立，都是浮动的控件，每个面板都是可拖动的。

"属性"检查器默认情况下出现在文档的底部，它最初显示文档的属性。然后，当选择对象或选取工具的时候，其相关信息都会在属性面板中显示出来。同时也可以通过修改属性面板中的数据或内容来调整图像的相关属性。例如图像的大小、位置及色彩等。

9.1.3 Fireworks 的基本操作

1. 新建 Fireworks 文档

当选择"文件"→"新建"在 Fireworks 中创建新文档时,创建的是可移植网络图形(即 PNG)文档。PNG 是 Fireworks 的本身文件格式。在 Fireworks 中创建图形之后,可以将它们以其他熟悉的网页图形格式(如 JPEG、GIF 和 GIF 动画)导出。还可以将图形导出为许多流行的非网页用格式,如 TIFF 和 BMP。无论选择哪种优化和导出设置,原始的 Fireworks PNG 文件都会被保留,以便以后进行编辑。

新建文档的步骤如下。

(1)选择"文件"菜单中的"新建"命令(或按 Ctrl+N 快捷键),打开"新建文档"对话框,如图 9-2 所示。

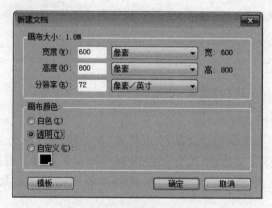

图 9-2 新建 Fireworks 文档

(2)在打开的对话框中输入宽度(文档在水平方向上的尺度)和高度(文档在垂直方向上的尺度)的设定数值,单位可以是像素、英寸或者厘米。

(3)输入指定的分辨率,单位是"像素/英寸"或者"像素/厘米"。对于在 Web 上显示的图像,通常设置为"72 像素/英寸"。

(4)画布颜色的设置有三种选择,分别为"白"、"透明"和"自定义"。如果指定自定义颜色,可以使用颜色面板进行选择。

(5)将所需的选项设置好之后,单击"确定"按钮,则可以打开新文档进行创作。

2. 图像文件的导入

通过菜单栏中的"文件"→"打开"命令或工具栏中的"打开"按钮即可启动打开文件对话框,如图 9-3 所示。

选中要导入的图形文件后在右边的预览框内会显示该文件的预览图。选中"打开为未命名"项是把选中的文件作为无名的文件打开。选中"以动画打开"项是把选中的文件作为动画打开。Fireworks 还支持一次性同时打开多个相邻或不相邻的文件,也可以直接打开或导入 Photoshop 制作的 PSD 格式文件进行编辑处理。

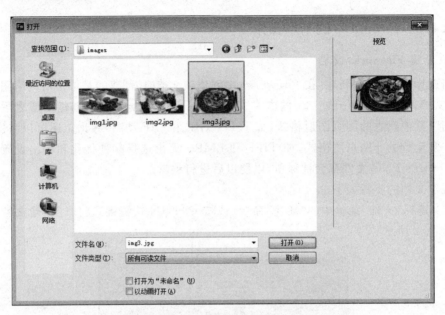

图 9-3　打开文件对话框

3. 修改画布属性

Fireworks 中的画布也就相当于图像的背景,在绘图的过程中为了使画布的大小或色彩能够和前景的图像保持协调,经常要修改画布的相关属性。方法是:用鼠标单击画布,或在画布的工作区外单击一下,从而在属性栏中调出画布的属性对话框,如图 9-4 所示。

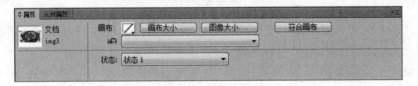

图 9-4　画布属性面板

修改画布颜色:在该属性对话框中,单击画布颜色选择框,可以重新选择新的画布颜色。

"画布大小":单击"画布大小"按钮将弹出设置对话框,从中可以看到,当前画布的宽为 940 像素,高是 466 像素。在"新尺寸"项内可以输入新的宽、高像素值。在"锚定"右边是画布的固定点,当画布的大小被改变时会以选中的固定点不变来更改画布的大小,如图 9-5 所示。

"图像大小":对于图像区域大小的改变,也可以通过画布的属性对话框中的"图像大小"进行修改,如图 9-6 所示。

在"像素尺寸"项下可以设置工作区的宽、高度数值。选中"约束比例"项后,当宽度或高度中某一数值被改后,另一个数值也会等比例地随着改变。如果取消此项选择,就可以

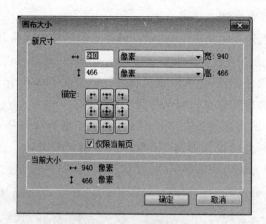

图 9-5　修改画布大小

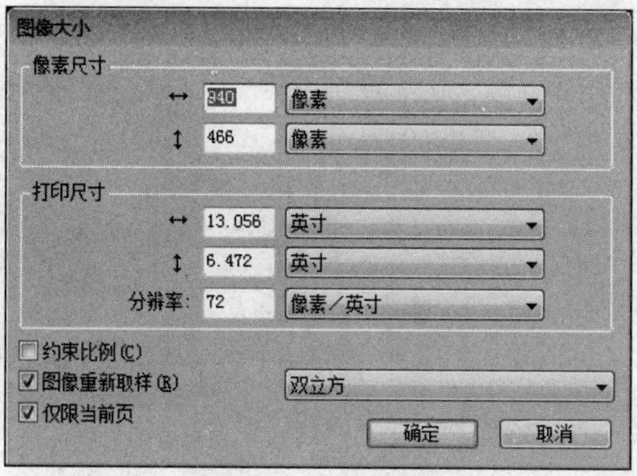

图 9-6　修改图像大小

单独改变宽度或高度的数值了。"图像重新取样"项是设置图像的重新取样功能。

　　"符合画布"：这是 Fireworks 的独有功能，可以使画布大小与图像所占用的位置大小一致。

4. 保存 Fireworks 文件

（1）保存 Fireworks PNG 文件

　　当创建新文档或打开现有的 Fireworks PNG 文件时，这些文档的文件扩展名为 .png。Fireworks 文档窗口中显示的文件是源文件，即工作文件。

　　使用 Fireworks PNG 文件作为源文件具有以下优点：

- 源 PNG 文件始终是可编辑的。即使将该文件导出以供在网页上使用后，仍可以返回并进行其他更改。
- 可以在 PNG 文件中将复杂图形分割成多个切片，然后将这些切片导出为具有不同文件格式和不同优化设置的多个文件。

　　保存 PNG 文件，直接选择"文件"→"保存"命令，若从其他格式另存为 PNG 格式，选择"文件"→"另存为"。

（2）以其他格式保存文档

在 Fireworks 中创建并优化图形后，用户可将该图形输出为常用的 Web 格式及供其他程序（如 Freehand）使用的矢量图形格式。Fireworks CS6 由于它的面向网络的特性，导出的形式可以不仅仅是图像，还可以是包含各种链接和 JavaScript 信息的完整的网页。

可以选择"保存"命令来保存任何文件类型的图像，但对于 Fireworks 不能直接保存的图像格式，将文档导出为其他格式：在"优化"面板中选择文件格式，选择"文件"→"图像预览"命令导出文档，可以打开如图 9-7 所示的导出预览窗口。它包含了两部分，左侧为参数设置部分，右侧为输出预览部分。

图 9-7　导出预览

9.2　位图的处理

9.2.1　常用的位图工具

创作图像之前，必须先对 Fireworks 的处理图像工具非常熟悉，这样才能完成预想的效果。Fireworks CS6 的"工具条"中增加了不少新工具，并与原有的工具在一起被编排为 6 个类别：选择区、位图、矢量、Web、颜色和视图区。有些工具按钮的右下角有一个小三角，说明这个工具包含有其他几种不同的工具，按住这个工具按钮不放就能显示其他的工具，如图 9-8 所示。

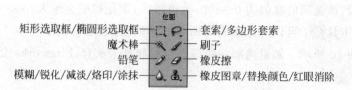

图 9-8 位图工具

1. 选区工具

如图 9-8 所示,在位图工具的主要工具中,其中的"矩形"、"椭圆形"、"套索"、"多边形套索"和"魔术棒"工具都用于约束位图的编辑范围,所有的位图编辑例如剪切、复制、填充等只能在该范围内有效。

(1) 选区工具█:用选区工具选取的区域以转动的黑白线(蚂蚁线)表示,如图 9-9 所示。取消选区时可先单击选取工具,然后单击选区以外的任何地方。

在选取框的属性面板上显示了目前该选取框的大小及坐标位置等相关信息,如图 9-9 所示。

图 9-9 选取工具

边缘选项可以对选区边缘的硬化程序进行设置。

- 实边——选区边缘呈锯齿状,没有任何的柔化过渡。
- 消除锯齿——可使选区边缘有最基本的柔化。
- 羽化——可以消除选取区域的正常硬变边缘,使其柔化。也就是使边界产生一个过渡段,该选项的取值为 0～100,数值越大,柔化程度也越大。

(2)套索工具 ![lasso]:可以随意圈画出所要的选取范围,主要用于选取一些不规则的图形选区,如图 9-10 所示。如果选取的曲线终点和起点未重合,Fireworks 会自动封闭成完整的线圈。

图 9-10   套索工具

(3)魔术棒工具 ![wand](图 9-11):这是一个神奇的选取工具。可以用来选取图像中颜色相似的区域,当用魔术棒单击图像上某个点时,与该点颜色相近的区域将被选中,可以在一些情况下节省大量的精力来达到意想不到的效果。

通过魔术棒工具的属性对话框可以设置色彩的容差值和边缘的柔化度。容差值越大,所选取的范围也越大。

2. 图像修改工具

(1)橡皮擦工具 ![eraser]:用于擦除位图的颜色。和使用画笔一样,在选中橡皮工具后,按住鼠标左键在图像上拖动即可。

(2)模糊工具 ![blur]:该工具的工作原理就是降低像素之间的反差,使图像产生模糊效果,如图 9-12 所示。

(3)锐化工具 ![sharpen]:与"模糊"工具正好相反,"锐化"工具是用于加深像素之间的反差,使图像更加锐化。

(4)橡皮图章工具 ![stamp]:用来克隆图像的部分区域,以便将其压印到图像中的其他区域。在使用时先要把鼠标移到想要复制的图像上,然后单击鼠标左键以确定复制的起点,然后拖动鼠标在图像的任意位置开始复制。

图 9-11　魔术棒工具

(a) 模糊前

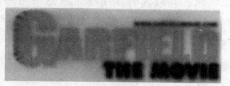

(b) 模糊后

图 9-12　模糊前后

9.2.2　位图操作简单实例

1. 位图裁剪

可以把 Fireworks 文档中的单个位图对象隔离开,只裁剪位图对象而使画布上的其他对象保持不变。

【实例 9-1】　在不影响文档中其他对象的情况下裁剪位图图像。

步骤如下:

(1) 选择位图对象,在工具条上选择裁剪工具 。

(2) 裁剪手柄出现在整个所选位图的周围,调整裁剪手柄,直到定界框围在位图图像中要保留的区域周围,如图 9-13 所示。注意:若要取消裁剪选择,可按 Esc 键。

(3) 双击定界框内部或按 Enter 键裁剪选区。所选位图中位于定界框以外的每个像素都被删除,而文档中的其他对象保持不变。

图 9-13　定界框

2. 抠图、去背景

在对位图进行抠图操作时,最常用到的操作就是羽化,羽化是将边界虚化,而里面内容不会模糊。其最大的作用就是在抠图时对比较绒的东西(比如毛发、毛衣等)的边界进行选取时,可以取得比较好的效果。

【实例 9-2】　完成不规则图像的抠图。

操作步骤如下:

(1) 打开一个图片。

(2) 选择“工具”面板“位图”部分的“选取框”工具或“套索”工具。

(3) 在属性检查器中,在“边缘”项中选择“羽化”,调整羽化大小。羽化值越大,朦胧范围越宽,羽化值越小,朦胧范围越窄。另外一种“消除锯齿”也是一种微小的羽化,这样可以使选区边缘看上去更平滑。

(4) 选择部分图像,如图 9-14 所示。选框内叫作选区,选框外叫作蒙版。在 Fireworks 中,所有操作都是在选区内实现的,设置了羽化,所有操作就会向选框外的蒙版过渡,而且数值越大,过渡越远越缓和。

(5) 打开“选择”菜单,选择“反选”命令,如图 9-15所示。

(6) 反选过的图像,会将抠图区域以外的区域选中,然后按 Delete 键,将背景删除,修改适合的文档背景色,得到抠图羽化边缘后的效果,如图 9-16 所示。

图 9-14　选定要抠出来的
　　　　　图像区域

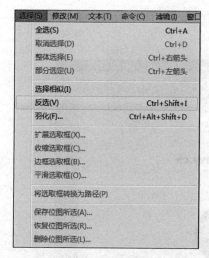

图 9-15　反选

图 9-16　抠图后的效果

3. 图文处理

【实例 9-3】　制作环绕文字。

步骤如下：

（1）新建宽和高都是 300 像素的文件，背景设为白色。选择"工具"面板中的"文本"工具，在工作区输入文本 http：//www.zdxy.cn，字体选择"Arial"，字号为 20 像素大小，颜色为黑色，如图 9-17 所示。

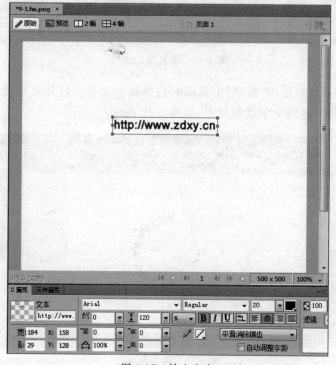

图 9-17　输入文字

（2）选择"工具"面板"矢量"部分的"椭圆"工具。按住 Shift 键，在工作区画一个圆，如图 9-18 所示。

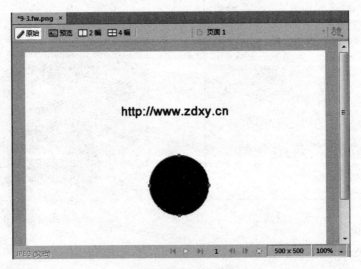

图 9-18　画一个圆

（3）在属性面板中，将圆的填充修改为透明色，设置"描边"为 1 像素宽，1 像素柔化，如图 9-19 所示。

图 9-19　设置圆的属性

（4）按住 Shift 键，使用"指针"工具同时选择圆和文字。打开菜单栏的"文本"菜单，单击"附加到路径"，环绕文字就做好了，如图 9-20 所示。

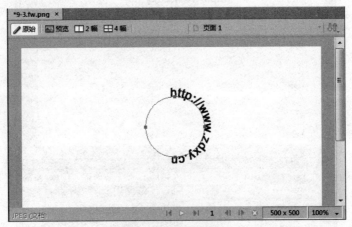

图 9-20　附加到路径

（5）如果想旋转文字，选择"工具"面板中的"缩放工具"，出现圆形箭头，就可以旋转文字，如图 9-21 所示，旋转到合适角度即可。如果希望文本沿路径的内侧排列，选择"文本"菜单中的"倒转方向"。

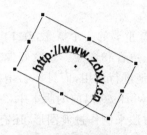

图 9-21　旋转文字

9.3　利用 Fireworks 制作 Web 特效

9.3.1　层

图层面板是自由独立于 Fireworks 工作空间里面的一个面板。在这个神奇的图层里面，我们可以实现缩放、更改颜色、设置样式、改变透明度等操作。一个图层代表了一个单独的元素，设计师可以任意更改之。图层可以说在网页设计中起着至关重要的作用。它们用来表示网页设计的元素，它们是用来显示文本框、图像、背景、内容和更多其他元素的基底。

大多数 Fireworks 的使用者都同意：分层是 Fireworks 软件的关键特性之一，同时良好的分层有助于设计更完美的展示和修改。

如图 9-22 所示即为一张精细分层设计图。

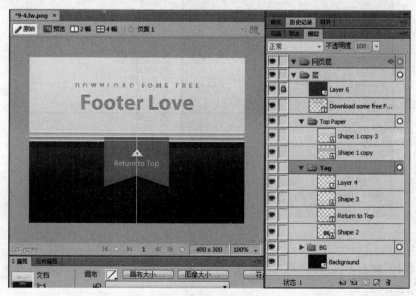

图 9-22　图层

在该示例中,该 PNG 图片被分为若干层与层分组。图层研究是一件非常烦琐的事儿,因为它需要花大量的时间和精力。但是层是非常重要的,我们必须学好它。

9.3.2　制作按钮

对于 Flash 来说,"库"是非常重要的一个概念,在 Flash 的"库"面板中可以保存当前影片中所用到的所有元件、位图、声音和视频。它就好像是一个仓库,不但可以保存当前影片中所有的素材,还可以不断地进行调用,而且不会增加文件量,同样的"库"的概念在 Fireworks 中也有。但是在 Fireworks 9 以前的版本中,"库"和"元件"的主要作用一个是可以帮助用户通过补间实例的方法来制作过渡图形,还有就是来制作 GIF 动画和网站中的交互按钮。相对于 Flash,Fireworks 中"库"和"元件"的重要性远远不如 Flash,可以说在进行图形绘制的时候是不一定必须使用到"元件"和"库"的。

在 Fireworks CS6 中,"库"的作用被大大增强了,在"窗口"菜单中,多了一个"公用库"选项。用户可以通过使用"公用库"添加很多默认的设计原型与样式,如二维对象、动画、按钮、光标、Flex 组件、手势、HTML、图标、iPhone、菜单栏等。

【实例 9-4】　在 Fireworks 中制作按钮。

步骤如下:

(1)新建一个文档,在"新建文档"对话框中设置宽度为 100 像素,高度为 30 像素,分辨率为 72 像素/英寸,设置画布的颜色为"白",最后单击"确定"按钮。

(2)单击"公用库"面板中的"按钮"选项卡,然后选择一种按钮样式拖入画布,并调整其显示位置和大小,如图 9-23 所示。

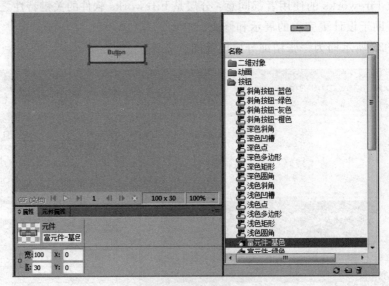

图 9-23　绘制按钮

(3)选择"窗口"→"元件属性"命令,打开 Fireworks CS6 的元件属性面板,效果如图 9-24 所示。

图 9-24　元件属性面板

　　（4）选中画布中的按钮元件，这时其相应的属性在元件属性面板中显示出来。可以通过更改这些元件属性的值，从而改变画布中元件的属性效果。

　　修改后的按钮如图 9-25 所示。

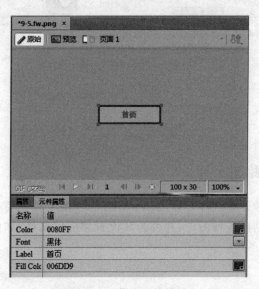

图 9-25　修改后的效果

　　同样地，在 Fireworks CS6 的公用库中所提供的默认元件都可以进行二次修改，这样使得同一元件在重复应用上有了更多的变化，更加适合大型项目的制作。

　　Fireworks 9 中，所有的公用库元件都保存在安装目录的"First Run＼Common Library"文件夹中，通过观察，可以发现每个元件都由一个 PNG 的图形文件和一个 JSF 文件组成，如图 9-26 所示。

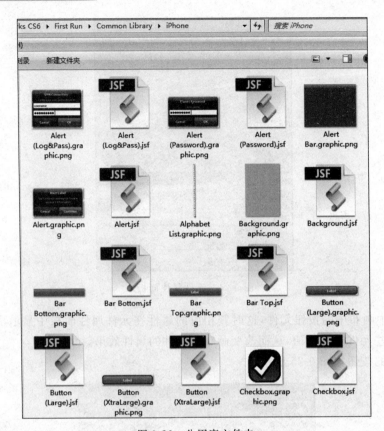

图 9-26　公用库文件夹

9.4　绘　制　图　形

9.4.1　常用的绘图工具

和许多主流的图像处理软件一样,Fireworks 的绘图工具主要都集中在"工具条"上。利用这些工具可以绘制出各种图形,并可为其设置相应的属性,如颜色、大小、位置等,如图 9-27 所示。

1. 自由笔刷工具

刷子工具和铅笔工具都可以直接在画布上画出任意线条,如图 9-28 所示。

在"刷子"工具的属性对话框中可以对刷子的色彩、大小、笔触类型、边缘柔化值、纹理、纹理透明度、刷子透明度、色彩模式等进行设置。

在铅笔的属性框中同样可以对线段的色彩、是否选用柔化、透明度数值、自动擦除等进行设置。

2. 路径形状工具

(1) 直线工具：使用"直线"工具可以在画布上直接画出直线,当按住 Shift 键时可

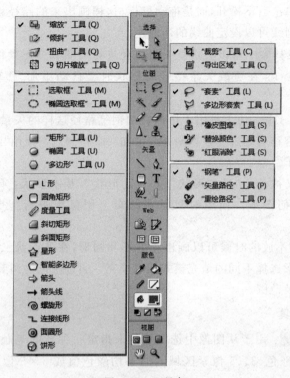

图 9-27　工具条

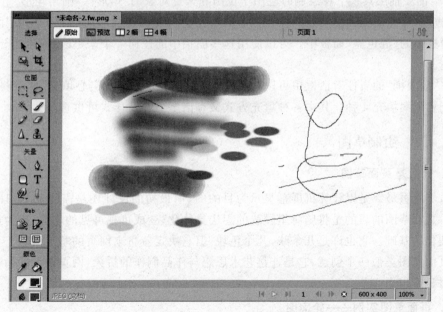

图 9-28　刷子与铅笔工具

以画出水平、垂直、45度角的直线。

（2）钢笔工具 ：选中"钢笔"工具后单击画布上的不同位置，可以画出由线段组成的直线路径。如果单击后不松开,而是拖动鼠标,这样画出来的路径就是曲线路径,通过调整曲线的两条控制线可以设定曲线的弯曲度。

(3) 自由变形工具 ：可以直接对矢量路径进行弯曲和变形操作,而不是对各个节点执行操作。Fireworks 在更改矢量路径的形状时会自动添加、移动或删除路径上的节点。

(4) 路径切割工具 ：该工具用于切割类如钢笔路径这样的矢量路径。使用时从要切割处按住鼠标左键移动划过。在切割处会增加一个控制点。使用"细部"工具移动一端就可以把线段分开了。

(5) 形状工具又被分为"基本形状"和"自动形状",基本形状：有矩形、椭圆形和多边形这些简单的几何图形。使用时只需在画布上用鼠标进行拖曳即可画出相应的图形。

当按住 Shift 键不放的时候可以画出正方形和圆形,在各形状工具的属性框中都可以方便地为这些图形选择不同的填充模式加以填充。通过颜色的调节手柄可以自由地控制颜色的填充方向及范围。

3. 色彩填充工具

(1) 滴管工具 ：用于从图像中选取颜色来指定一种新的笔触颜色或填充色。可以选取单个像素的颜色、3×3 像素区域内的平均颜色值或 5×5 像素区域内的平均颜色值。

(2) 油漆桶工具 ：在绘制时应用于位图和矢量对象的"矩形"、"圆角矩形"、"椭圆"和"多边形"等绘制工具的填充属性。当前的填充会出现在属性对话框、"工具条"面板和组合面板中的"混色器"面板中。可以使用这些面板中的任何一个来更改"油漆桶"工具的填充色。

在"油漆桶"的属性对话框中可以看到,该工具的填充类别有实心填充、网页抖动、渐变填充和图案填充 4 种。其中各种填充方式又有诸多色彩及样式可供选择。

9.4.2 绘制草图

1. 什么是页面草图

虽然网页最终是以计算机屏幕显示为目的的,但最初的设计还是需要动笔勾画页面草图。页面草图的目的是将脑海里朦胧的想法具体化,变成可视可见的轮廓,作为进一步深入细化的基础。它也许是几条线,几个色块,但它决定着将来网页的基本面貌。

页面草图类似一个创意,它是连接艺术思想与作品制作的桥梁,网页设计的精髓正是在这时显露出来。

2. 页面草图实例——轮廓图

在 Fireworks 中使用各种绘图工具可以轻松地进行网页草图的绘制,例如,图 9-29 所示的就是一个轮廓图。该草图是一个网页的轮廓,可以作为进一步设计的基础,也可直接作为"跟踪图像"来指导网页制作。

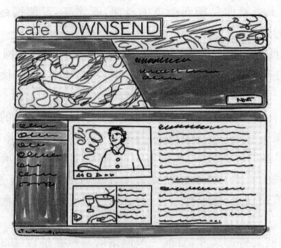

图 9-29 草图

9.5 Fireworks 与 Dreamweaver 结合

9.5.1 使用 Fireworks 规划网页布局

设计的第一步是设计版面布局。可以将网页看作传统的报刊杂志来编辑,这里面有文字、图像乃至动画,要做的工作就是以最适合的方式将图片和文字排放在页面的不同位置。

在构思开始,设计师的脑海里不可能是空白的,不可能完全不受现有的网页设计的影响。借鉴现有的设计样式,这在创作中是很常见的事。草图的构思、创意的产生,往往来自于一些现有的设计作品、图形图像素材的组合、改造和加工,当然不能不加改造地照抄照搬。汲取成功作品中的一些视觉元素及其组合方式,加入自己的新元素,形成新的组合,其思维方式是借鉴重组和逆向模仿。这种借鉴重组可以比较顺利地产生网页的方案雏形。

首页又叫主页,是浏览者访问一个站点时看到的第一页,通过它的链接,进而浏览站点的其他页面。一般情况下,首页的名字叫作"index. html"。

首页好比书的封面,首页的设计是一个网站能不能吸引人的关键。访问者往往看到首页就已经对站点有一个整体的感觉。是不是能够促使浏览者继续单击进入,是否能够吸引浏览者留在站点上,全凭首页设计的水平了。所以,首页的设计和制作一定要特别重视。

根据经验,可以把现有网站的首页大致分为以下三种类型。

(1) 书籍封面式首页:有的大型网站往往有一个书籍封面式的首页,上面只有一个"进入"链接,单击之后才进入网站。这种首页设计精美,非常考究,给人以雍容大度的气派。

(2) 期刊杂志式的首页:与书籍封面式首页相似,但在首页上有站点全部内容的目录索引,图文并茂,看上去就像是期刊杂志的封面,既漂亮,又使网站的主要内容一目了然,是一种值得推荐的形式。

（3）报纸式的首页:许多电子商务网站、搜索引擎和新闻信息网站更加务实,为了速度和操作的简便,往往采用报纸式的首页设计,将栏目索引、功能模块、具体内容一并显示在首页,看上去就像一张报纸的头版一样。

为站点设计什么样的首页,要看具体情况而定。如果是艺术类的站点,或者可以确定内容独特,可以吸引浏览者进一步单击进入的站点,是可以设计一个书籍封面式的首页。如 ELLE.com 具有很强的欣赏性,忠实的客户群,有必要以此来显示自己的特色和品位。否则的话,书籍封面式的首页并不会给站点带来什么好处。电子商务网站要的首先是上网浏览的速度,有价值的信息,如果客户等待几分钟,只看到一幅画面,那么他是不会有耐心等待进入下一页的。

设计时先要确定网页外形尺寸,目前一般网站的显示基准以 1024 像素×768 像素为标准,网页的横宽不要超过 1000 像素,不然的话,超出部分只有借助滚动条才能看到,这样,网页的设计不能完整地被显示出来,迫使浏览者使用鼠标拖动滚动条,增加了麻烦。网页的长度(高度)不受 768 像素的限制,可根据内容的需要而定,浏览者可上下拖动滚动条查看。

另外,在设计时,要注意画面的图像、文字的视觉分量在上下左右方位都基本平衡,但过于平衡的画面难免呆板,也要注意视觉上的互相呼应、对比,注重元素疏密搭配。在色彩搭配上,多使用同类色与邻近色,这样看来有层次感又和谐,同时也要适量使用对比色,起到点缀丰富的作用。

如图 9-30 所示为一幅首页布局设计,采用了期刊杂志式的类型,上下结构,色彩运用丰富充实,可在 LOGO 的位置运用一个具有点缀作用的亮点。

图 9-30　首页设计效果图

9.5.2　切片导出网页

基本导航及页面结构已经建立好之后，就到了增加切片的时候。Fireworks中的切片是输出图形及产生交互的主要参考物件，导出的文档将根据切片来将图形切割成不同的部分，并在浏览器中通过表格组装到一起。同时，所有的交互行为也是通过切片之间的联系来产生的，如翻转图、弹出菜单等。

在设计页面时，如果已经建立了按钮，那么按钮本身已经带有了自己的切片，因此需要对其他对象建立各自的切片。创建切片通常使用工具面板中的切片工具 ✎ 直接绘制，但如果想创建精确大小的切片，可以选择对象并执行右键菜单中的"插入切片"命令，自动插入切片。

增加的切片默认情况下是绿色的半透明对象，它们都放置在"网页层"上，如图9-31所示。

图9-31　首页草图切片效果

切片完成后，选择Fireworks中的"2幅"窗口。在这个窗口的左侧，是可编辑的原图，而在这个窗口的右侧，则是优化以后的图像。在这个窗口的下方，可以看到详细的关于每一个切片的文件量和下载时间等信息。

在Fireworks的"优化"面板，使用"指针"工具，在"2幅"窗口的左侧依次选择切片，然后在"优化"面板中进行相应的优化操作，最终优化后的图像效果可以在"2幅"窗口的右侧进行观察。

对每一张切片进行优化后，就可以导出所有的图像素材了。选择"文件"→"导出"命令，会弹出 Fireworks 的"导出"对话框，如图 9-32 所示。

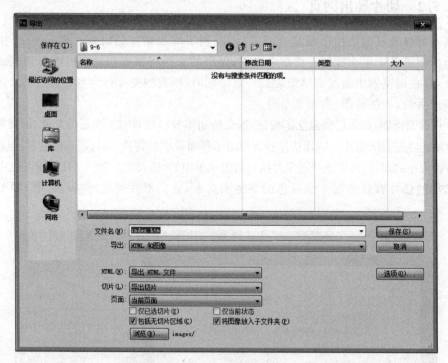

图 9-32 "导出"对话框

在"导出"对话框中的"保存类型"下拉列表中选择"HTML 和图像"选项。在"文件名"文本框中输入希望的文件名称，建议命名规则简单易记。在"切片"下拉列表中选择"导出切片"，选中"将图像放入子文件夹"选项，习惯上会把所有切片生成的图像保存到站点的图像文件夹内。

全部设置完毕后，单击"保存"按钮，将在站点目录下生成一个网页和对应的图像文件，生成的图像如图 9-33 所示。

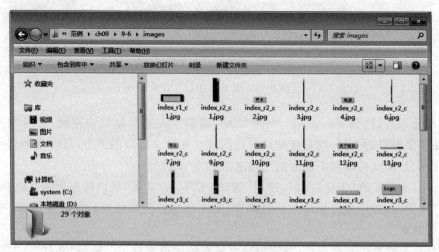

图 9-33 导出到站点中的切片

所有的切片生成以后,就可以使用这些导出的网页和图像素材,在 Dreamweaver 中进行进一步修饰了。

9.5.3　Dreamweaver 后期修饰

启动 Dreamweaver CC,打开刚才导出的网页,可进入该页的编辑状态,这时候发现整个已经基本完成,仅需一些后期编辑。

(1) 修改网页标题栏。导出后的网页标题栏是文件名,修改适合的网页标题。

(2) 根据需要修改网页的对齐方式,如果内容宽度小于显示器宽度,可以把整个页面居中。

方法一:修改源代码,在＜body＞标签后添加＜center＞,在＜/body＞前添加＜/center＞,通过添加＜center＞标签,使网页全局居中。

方法二:修改最外层表格＜table＞的对齐方式,将"默认"修改为"居中对齐"。

(3) 为切片添加超链接。如上例中的导航栏"首页"、"电影"、"音乐"、"图书"和"关于站长"都已单独切片,为独立的图片文件,可以直接选中对应图片,添加链接。

(4) 添加更多内容。在 Fireworks 中的设计仅为布局草图,有更多的文字内容和图片内容需要在网页编辑状态下添加,但切片后的页面所有的元素都是图片,就算一整块色块,也是用图片保存,如图 9-34 所示。

图 9-34　切片都以图片方式插入网页

一个常用的操作:将图片在原来的单元格中删除,然后作为单元格的背景图重新插入表格,这时就可以在单元格内添加新的内容了,如图 9-35 所示。

需要指出的是,最终输出的是整个页面,在 Dreamweaver 中可编辑的部分只有一小

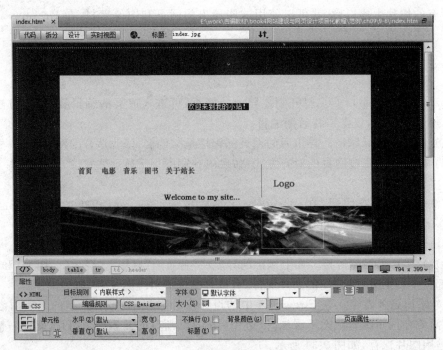

图 9-35 将切片转换成单元格背景

部分,但 Fireworks 能做到的并不仅仅是这样,具体到实际应用,应该根据具体的内容设计版面,而且尽可能地多利用 Fireworks 的局部输出功能,将一个页面分成多个部分输出,这样可以使页面具有更大的灵活性和可操作性。

例如上例可以将整个页面分为上下两部分单独输出,上部的导航条与 LOGO 作为一部分输出,下部的插图与更新信息可以单独作为一部分,或者可以在 Dreamweaver 中输入单独的文字。最后将这些单独输出的部分在 Dreamweaver 中利用表格组装起来,这样可以最大限度地保持页面的适应性和灵活性。此外还可以将一些可以作为背景图片使用的内容以图片输出,如页面主要部分的直线纹理可以单独输出为一个背景图片,并在 Dreamweaver 中定义为单元格的背景。

本 章 实 训

【实训 1】

熟练完成各种位图操作,包括改变图片大小、抠图等。

【实训 2】

设计一个 468px×90px 的横幅静态广告,挑选合适图片作为背景,并在背景上添加各种样式的文字,可以制作环绕文字或特效文字。

【实训 3】

为个人站点分别设计书籍封面式和期刊杂志式的首页,然后分别导出为 HTML 网页,并在 Dreamweaver 中进一步修饰。

第10章 动态网页

10.1 使用表单

10.1.1 什么是表单

常逛网站的用户,对于表单的使用一定不陌生。在网页之中常会有许多数据的栏位,最后只要单击"提交"按钮即可将用户所填写的数据提交给程序处理,这个输入数据的地方即是表单。在网页中互动的设计中,表单的制作是一个相当重要的操作,一个不良的表单设计,往往会造成程序的错误或是数据的遗失。

表单是用于实现浏览者与网页制作者之间信息交互的一种网页对象,在 Internet 中表单被广泛应用于各种信息的搜集与反馈。例如,如图 10-1 所示网页(部分)中就嵌入了一个用进行电子邮件系统登录的表单,其中包括一个用于输入用户名的文本框、一个用于输入密码的文本框和一个用于提交表单的"登录"按钮。

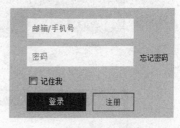

图 10-1 "豆瓣"网站用户登录界面

10.1.2 表单的使用方法

1. 创建表单

创建表单的基本步骤如下:

(1) 确定需要收集的信息,根据信息特点设计表单。

(2) 在表单中插入不同的表单控件元素。

(3) 设置表单域的属性。

(4) 设置通过表单所收集的信息的处理方式。

(5) 设置确认网页,确认已经接收到用户填写的信息,并请用户核对是否正确。

表单只是收集浏览者输入的信息,其数据的接收、传递、处理以及反馈工作是由通用网关接口(Common Gateway Interface)的 CGI 程序来完成的。如果要在网页中添加表单,就必须编写相应的 CGI 程序。

2. 添加表单控件

在 Dreamweaver CC 中要插入表单,必须要应用到"插入"面板的"表单"栏,如图 10-2 所示,创建如图 10-3 所示注册表单,其中主要控件的使用方法如下。

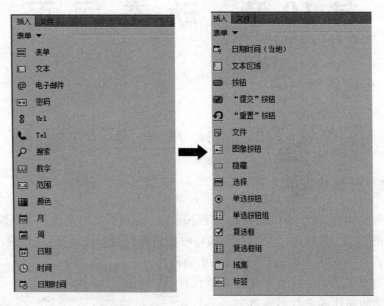

图 10-2 "插入"面板的"表单"工具栏

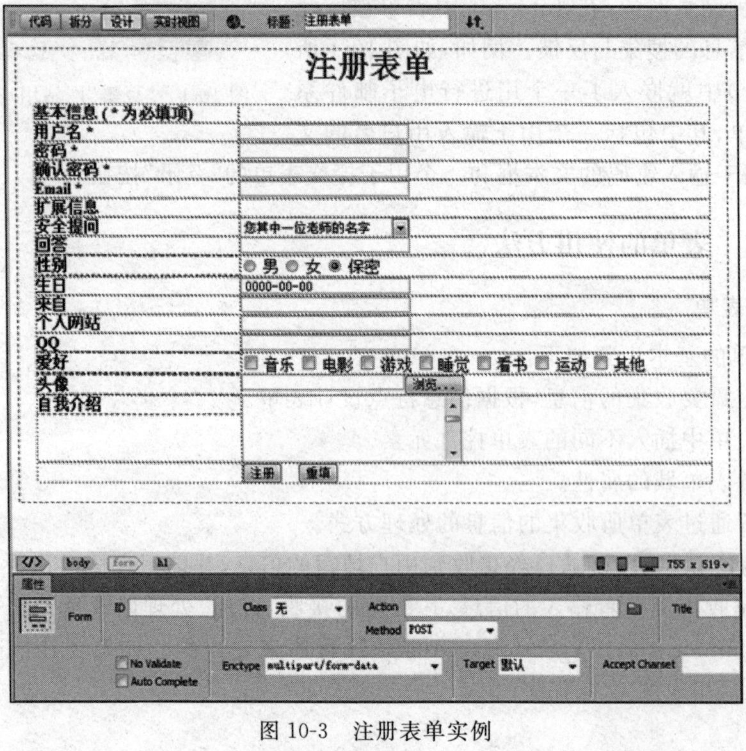

图 10-3 注册表单实例

常用的表单控件如下：

(1) ▦（表单）：会在文件中插入一个以红色虚线所建立的表单范围，当单击"提交"按钮时，会将该区域内同一个组的数据全部提交，如图10-3所示的红色虚线框，括起了整个表单。一个表单对应一个红框。

(2) ▭（文本）：可以接收任何类型的中、英文项目。输入的文字可以显示为单行、多行或密码（输入的内容在文本框内显示 ＊ 号）。如图10-3所示，"用户名"、"来自"等控件使用了文本字段。

(3) ▦（隐藏域）：如果该域所保持的参考值或系统值数据不想被用户修改与预览时，就必须将该域在浏览者的页面上隐藏起来，只保留给管理员看。如图10-3所示的E-mail控件后的 ▣ 图标，只在网页编辑状态可见，预览时隐藏起来。

(4) ▭（文本区域）：可以输入多行文字的字段。如图10-3所示的"自我介绍"区域。

(5) ☑（复选框）：可以允许在单一选项组中复选，用户可以选取能套用的所有选项（例如选择"兴趣"、"专长"时使用）。如图10-3所示的"爱好"选项。

(6) ◉（单选按钮）：若采用了统一的名称，则代表独占式的选项，也就是只能单选，在组内选取某个按钮会取消选取组中所有其他的选项。例如，用户可以选取"是"、"否"或是"男"、"女"。如图10-3所示的"性别"选项。

(7) ▦（单选按钮组）：会插入一个选项按钮集合，这些按钮公用相同的名称，当然只能单选。格式可以是"断行符号"（即一行一个选项），也可以是'表格'的形式。

(8) ▦（列表/菜单）：可以在列表中建立用户选项，以下拉菜单的形式显示出弹出式菜单，只允许用户选取单一选项。如图10-3所示的"安全提问"控件。

(9) ▤（图像域）：可以在表单中插入图像域，可以用来取代"提交"按钮，做成图形式按钮，但是，无法做成"重置"按钮。

(10) ▤（文件域）：会在文件中插入空白的文本域和"浏览"按钮。文件域让用户可以浏览找到他们硬盘上的文件，并将文件视为表单数据上传。如图10-3所示的"头像"控件。

(11) ▦（提交按钮）：会在表单内插入文字按钮，按钮会在被单击时执行工作。"提交"按钮被单击后，会将表单输入的内容提交给后台程序，如图10-3所示的"注册"。

(12) ↻（重置按钮）：会在表单内插入文字按钮，按钮会在被单击时执行工作。"重置"按钮被单击后，会将表单输入的内容还原为默认值，如图10-3所示的"重填"。

10.1.3 表单对象的属性设置

Dreamweaver表单对象包括文本域、按钮、图像域、复选框、单选按钮、列表/菜单、文件域以及隐藏域等。

1. "表单"控件

在添加表单之后，文档中将以红色虚线表示表单区域。表单对象只能插入在红色虚线内。为了更合理地安排表单元素，可以使用表格来布局表单元素。

📖 提示：插入表格之后，所有的表单元素都可以放置在表格中。

表单的属性可以通过"属性"面板进行设置,如图 10-4 所示。

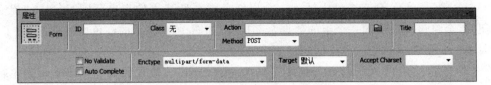

图 10-4 "表单"控件属性面板

表单属性如下所示。

ID:为表单设置一个名称。表单命名之后就可以用脚本语言对它进行控制。

Action(动作):识别处理表单信息的服务器端应用程序。

Method(方法):定义表单数据处理的方式:

- Get:追加表单值到 URL 并发送服务器 GET 请求。
- Post:在消息正文中发送表单值并发送服务器 POST 请求。

Enctype:指定对提交给服务器进行处理的数据使用 MIME 编码类型。

在插入表单之后,需要在表单(红色虚线内)添加表单元素,例如文本域、单选按钮、复选框以及弹出菜单等。

利用"插入"面板的"表单"栏可以方便地插入表单中的各个元素。

2. "文本字段"控件

"文本字段"是常见表单元素之一,在文本域内可输入任何文本、字母或数字类型。输入的文本可以显示为单行、多行、项目符号或星号(多用于密码保护)。

要插入文本域,将光标定位后,单击"插入"工具栏"表单"分类上的"文本字段"按钮即可。

"文本字段"的属性可以通过"属性"面板进行设置,如图 10-5 所示。

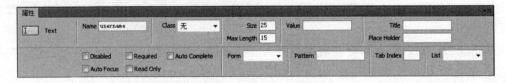

图 10-5 "文本字段"属性面板

- 设置"属性"面板中 size 的值,可以限定文本域显示的宽度。
- 设置 Max Length 的值,可以限制用户输入的字数。
- 设置 Value 值,可以用于文本域中的"初始值",即浏览者尚未输入文本、字母或数字之前所显示的提示值。

3. "单选按钮"控件

单选按钮是只可以取其一的按钮。在一组按钮内只能选取一个按钮。

要插入单选按钮,将光标定位后,单击"插入"工具栏"表单"分类上的"单选按钮"按钮。

"单选按钮"的属性可以通过"属性"面板进行设置,如图 10-6 所示。

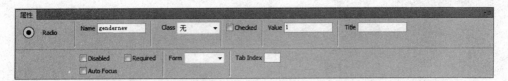

图 10-6　"单选按钮"属性面板

　　设置单选按钮的属性,可以在选取单选按钮之后,在"属性"面板中的"单选按钮"下的文本域中输入组名。

　　要设置单选按钮的初始状态,可选取"已勾选"或"未勾选"。

4. "复选框"控件

　　复选框就是在一组选项中允许选取多个选项。

　　要插入复选框,将光标定位后,单击"插入"工具栏"表单"分类上的"复选框"按钮。

　　"复选框"的属性可以通过"属性"面板进行设置,如图 10-7 所示。

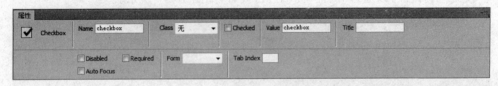

图 10-7　"复选框"属性面板

　　设置复选框的属性,可以在选中复选框之后,在"复选框名称"下面的文本域中输入复选框的名称。注意,复选框的名称不能相同,这一点和单选按钮刚好相反。

　　要设置复选框的初始状态,可选取"已勾选"或"未勾选"。

5. "选择"控件

　　弹出(下拉)菜单和列表都列出了一组用户可以从中选择的值。

　　弹出菜单和列表对象是有一些区别的。弹出菜单只允许单项选择,而列表框则可选取多项。

　　要插入列表/菜单,将光标定位后,单击"插入"工具栏"表单"分类上的"列表/菜单"。

　　"列表"的属性可以通过"属性"面板进行设置,如图 10-8 所示。

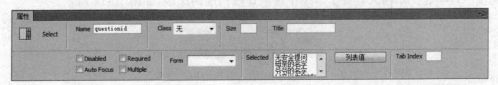

图 10-8　"列表"属性面板

　　设置列表/菜单的属性,可以在选中列表/菜单之后,在"列表/菜单"下面的文本域中输入列表/菜单的名称。

　　要设置列表/菜单项的内容,可以通过单击"列表值"按钮添加列表/菜单的项目。

　　单击"列表值"按钮 [列表值…],如图 10-9 所示。

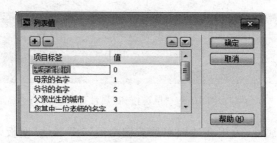

图 10-9　修改"列表值"

6. "按钮"控件

按钮可以执行提交或重置表单的标准任务,也可以执行自定义功能。在插入时可以设置自定义按钮标签或使用预先定义的标签。

要插入表单按钮,将光标定位后,单击"插入"工具栏"表单"分类上的"按钮"。

"按钮"的属性可以通过"属性"面板进行设置,如图 10-10 所示。

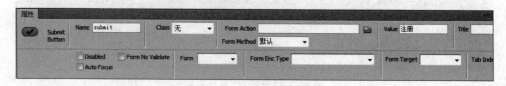

图 10-10　"按钮"属性面板

要设置按钮的属性,可以在选中按钮之后,在"按钮"下面的文本域中输入按钮的名称。

📖 提示:通过"属性"面板可以设置不同的按钮动作和按钮的标签,分为"提交表单"或"重设表单"。

10.1.4　表单应用实例

【实例 10-1】　制作一个如图 10-3 所示的个人资料注册表单。

(1) 在"表单"工具栏中,单击表单按钮▤,将出现如图 10-11 所示的选项面板,选择"之前",则会在文本插入点处多了一个红色虚线构成的区域,如图 10-12 所示。

图 10-11　表单空间插入前的结构选择面板

图 10-12　插入表单控件

（2）将鼠标停留在表单红色虚线区域，在"插入"栏中，选择"常用"面板的"表格"项，根据预先设定的注册项目，规划显示表格，在弹出的插入表格对话框中设置行数为17，列数为2，实现如图10-13所示的表格结构，并在单元格内输入如下所示的文字。

注册表单

基本信息(*为必填项)	
用户名 *	
密码 *	
确认密码 *	
E-mail*	
扩展信息	
安全提问	
回答	
性别	
生日	
来自	
个人网站	
QQ	
爱好	
头像	
自我介绍	

图 10-13　表格结构

（3）将鼠标停留在"用户名"右边的单元格内，在"插入"面板的"表单"栏中选择"文本"按钮，用同样方法添加"密码"、"确认密码"及"电子邮件"控件，如图10-14所示。

用户名 *	张三
密码 *	●●●●●●
确认密码 *	●●●●●●
E-mail *	zhangsan@163.com

图 10-14　输入文本字段

（4）将鼠标停留在"安全提问"右边的单元格，在"插入"面板的"表单"栏中单击"选择"按钮，单击属性面板的列表值按钮 列表值... ，为该列表添加列表值，如图10-15所示。将鼠标停留在"回答"右边的单元格内，在"表单"面板中单击"文本字段"按钮，插入文本框。

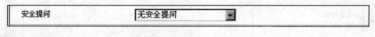

图 10-15　插入列表框

（5）将鼠标停留在"性别"右边的单元格，在"表单"面板中单击三次"单选按钮"按钮，并在按钮间相应位置上输入"男"、"女"和"保密"，将"保密"所对应单选按钮的初始状态修改为"已勾选"，如图10-16所示。

性别	○ 男 ○ 女 ⊙ 保密

图 10-16　插入单选按钮

（6）将鼠标停留在"生日"右边的单元格内，在"表单"面板中单击"日期"按钮，插入日期控件，提示用户输入日期格式。

（7）将鼠标停留在"头像"右边的单元格，在"表单"面板中单击"文件"按钮。

（8）将鼠标停留在"爱好"右边的单元格，在"表单"面板中单击 4 次"复选框"按钮。并在相应位置输入如图 10-17 所示的文字。

图 10-17　插入复选框

（9）将鼠标停留在"自我介绍"右边的单元格，在"表单"面板中单击"文本区域"按钮。

（10）将鼠标停留在表格的最后一行表格右侧，在"表单"面板中分别单击"提交"按钮和"重置"按钮。选择这一行的两个单元格，并在"修改"菜单中，选择"表格"→"合并单元格"，如图 10-18 所示。

图 10-18　插入按钮

（11）为表格添加标题，调整单元格的高度和宽度，并设置单元格内字体的对齐方式，完善页面排版，达到美观。

【实例 10-2】　将表单中的内容通过 E-mail 传送到指定的邮箱。

按实例 10-1 的方法，设计一个如图 10-19 所示的表单，表单内的信息输入完毕后，需要将该信息提供给有关的人员，通过电子邮件接收表单结果。在单击"提交"按钮时，网页会将所有的表单组件信息送到指定邮箱。

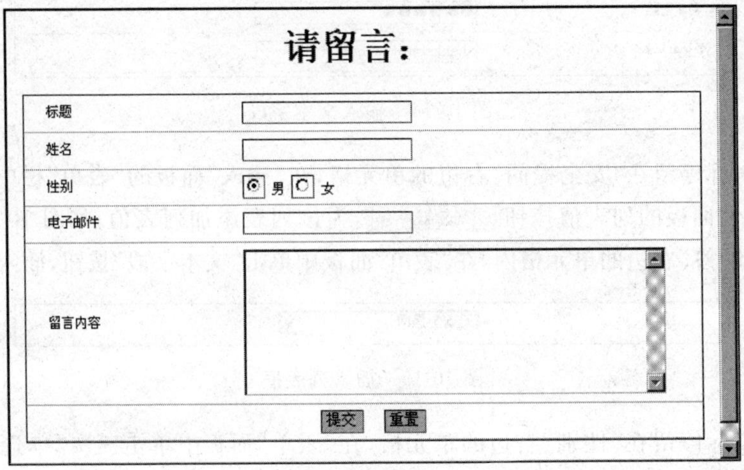

图 10-19　留言表单

实现的步骤如下：

（1）为了标识用户的留言信息，需要为每个表单控件命名。单击"标题"右侧单元格中的文本框，在属性面板的"文本域"中输入名称"标题"，同样的操作应用于"姓名"、"电子邮件"及"留言内容"右侧的文本输入框,单击"性别"对应的单选按钮,在属性面板的"单选按钮"中输入名称"性别",分别设置选定值。

注意:一般情况下,控件名称尽量命名为英文,这里为了使发送的邮件内容清楚分类,故命名为中文。

(2) 在"设计"视图下,将鼠标停留在表单外围红色虚线框上,选中红色虚线框,即选中整个表单,并为表单命名为"留言"。

(3) 在"属性"面板中的"动作"栏中输入格式"mailto:指定的邮箱地址",例如:mailto:admin@zdxy.cn,设定"方法"为 POST,在"MIME 类型"栏输入"text/plain",如图 10-20 所示。

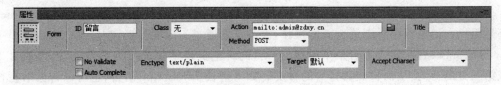

图 10-20　将表通过 E-mail 传送到邮箱

(4) 完成整个表单的行为,选择"文件"→"保存"命令来将作品保存,再开始预览。

(5) 在预览页面中,将表单的内容一一填入,最后单击"提交"按钮。在浏览器弹出的如图 10-21 所示的对话框中单击"确定"按钮,表示在不加密的情况下发送表单信息,信息会按纯文本格式传送到系统预先安装电子邮箱客户端中。发送后,可以到指定的收件箱内来查看邮件信息。该功能需要网络支持,确保单击"提交"按钮时,正常连接在 Internet 上。

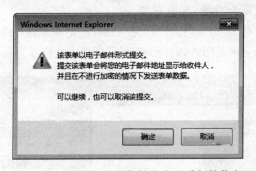

图 10-21　到指定的收件箱内来查看邮件信息

10.2　使用行为

一般情况下,在网页中如果要加入动态效果或交互功能,则需要在网页中加入脚本程序,如使用客户端 JavaScript 代码,就需要用户不仅熟悉网页的制作还要精通 JavaScript 代码的编写。在 Dreamweaver CC 中,用户可以使用行为来设计网页的动态效果和交互功能。使用 Dreamweaver CC 设计网页,不需要手动编写 JavaScript 代码,程序会自动生成。因此,不懂得代码编写,也可以顺利完成动态效果的制作。

10.2.1　什么是行为

行为是在某一对象上因为某一事件而触发某一动作的综合描述。它是被用来动态响应用户操作、改变当前页面效果或是执行特定任务的一种方法。

行为是由事件、对象和动作构成的。事件是浏览器生成的消息,是一个动作具体执行的时机或条件,是在特定的时间或用户在某时所发出的指令后紧接着发生的。例如,鼠标移动到按钮图像上,产生了图像对象的事件,该事件触发了动作,显示了一个下拉菜单。这些要素加在一起,就构成了"行为"。行为是由预先书写好的 JavaScript 代码构成的,使用它可以完成诸如打开新浏览窗口、播放背景音乐、控制 Shockwave 文件的播放等任务。

事件是为大多数浏览器理解的通用代码,例如 onmouseover、onmouseout 和 onclick 都是用户在浏览器中对浏览页面的操作,而浏览器通过一定的释译,响应用户的动作。

Dreamweaver 包含了百余个事件、行动,同时也提供了扩展行为的功能,可以通过下载第三方的行为,从而扩展其行为的种类。如果擅长 JavaScript 语言,也可以自己书写行为。但要注意附加行为时的对象必须是那些可以接受事件和动作的对象。此外,行为的使用很大程度上取决于浏览器的版本。版本越高,其能接收的事件数组也越多。

10.2.2　行为的基本操作

要使用 Dreamweaver 自带行为创建特殊网页效果,其附加行为的方法非常相似。操作方法如下:

(1) 选取文档中的某个对象,选取对象。

(2) 选择"窗口"→"行为"命令,打开"行为"面板,选定对象的 HTML 标签将出现在标题栏中。如果步骤(1)中选定的是图片,则行为面板标题栏中的标签为 img,如图 10-22 所示。

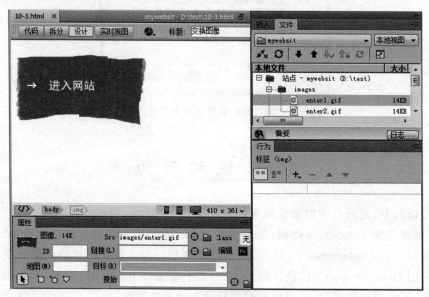

图 10-22　选取对象

（3）单击"＋"按钮并从动作弹出菜单中选择一个动作。例如，制作交换图像效果，则单击"交换图像"，如图 10-23 所示。

图 10-23　选择"交换图像"行为

（4）选中有效动作菜单之后，将出现和所选择的动作相应的对话框，显示该动作的参数设置选项。在本例中则需要指定交换图像的图片路径，如图 10-24 所示。

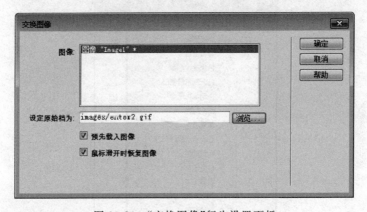

图 10-24　"交换图像"行为设置面板

（5）单击"确定"按钮关闭对话框。

（6）动作的默认事件将出现在"事件"列中。如果该事件不符合需要，则可以从"事件"弹出菜单中选择其他事件，如图 10-25 所示。

事件的出现取决于所选择的对象和在"显示事件"弹出菜单中指定的浏览器。如果所需要的事件没有出

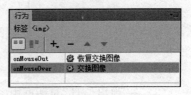

图 10-25　设定行为

现,则应确认是否选中了正确的对象,或改变"显示事件"弹出菜单中的目标浏览器试一试。

10.2.3　行为查看器

Dreamweaver 提供了一些自带的行为,利用"行为"查看器,就能够制作出很多常见的页面动态交互式效果,以下介绍最实用的几种。

1. 实现弹出信息

"弹出信息"动作的功能是当用户执行操作(如选定图像)时显示指定的信息。弹出信息动作可向访问者发送简洁的弹出式菜单。例如,如果将弹出消息动作附加到某个链接并指定它将由 onMouseOver 或 onClick 事件触发,那么只要某人在浏览器中用鼠标指针指向或单击该链接,就将在对话框中弹出指定的消息。下面来看看弹出信息动作的应用操作步骤。

【实例 10-3】　设置一个超链接单击显示欢迎消息框。

(1) 打开网站主页,制作一个指向空链接(链接地址为♯)的超链接文字,选中这个超链接文字,右侧"行为查看器"标题切换为"标签＜a＞"(注意,可以根据需要,在标签选择器中选择要触发动作的对象标签,这里选择＜a＞标签)。

(2) 在"行为"面板中单击"＋"按钮,在弹出的菜单中,选择"弹出信息"命令,如图 10-26 所示,为超链接对象添加动作,得到"弹出信息"对话框。

图 10-26　选择"弹出信息"命令

(3) 在"弹出信息"对话框中,在"消息"文本框内输入要弹出的信息,如输入"欢迎光临本站！"，如图 10-27 所示。单击"确定"按钮。

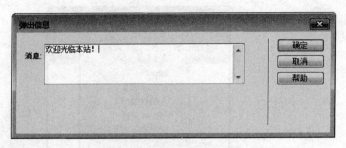

图 10-27　"弹出信息"对话框

（4）保存网页，当浏览网页时，单击超链接，则弹出一个对话框，其中显示的文字如上输入的消息，如图 10-28 所示。

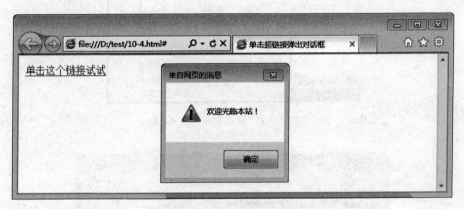

图 10-28　单击超链接弹出对话框

2. 设置状态栏文本

在窗体的状态栏上放置一些文本用来显示本地或者远程的一些有用信息是非常简单高效的。

【实例 10-4】　设置一个网站主页状态栏的欢迎消息。

（1）打开网站主页，选择＜body＞标签（注意，可以根据需要，在标签选择器中选择要触发动作的对象标签，这里选择＜body＞标签）。

（2）在"行为"面板中单击"＋"按钮，在弹出的菜单中，选择"设置文本"→"设置状态栏文本"命令，如图 10-29 所示，为网页添加动作，得到"设置状态栏文本"对话框。

（3）在"设置状态栏文本"对话框中，在"消息"文本框内输入要弹出的信息，如输入"欢迎光临本站！"。单击"确定"按钮。

同时，该对话框也提示可能的兼容性问题，如图 10-30 所示。

（4）保存网页，预览效果，若浏览器设置为显示"状态栏"，则会在浏览器下方状态栏将显示欢迎信息，如图 10-31 所示。

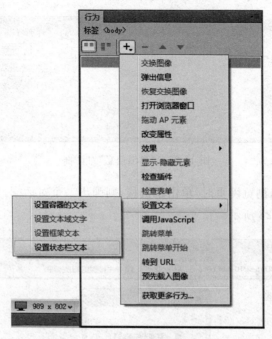

图 10-29　选择"设置状态栏文本"命令

图 10-30　"设置状态栏文本"对话框

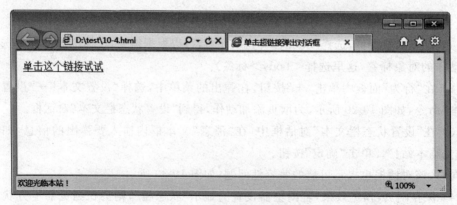

图 10-31　状态栏消息

本 章 实 训

【实训 1】

自行设计一个注册表单，其中需用到各种表单控件，并利用 CSS 对这个表单进行美化，效果参考图 10-32。

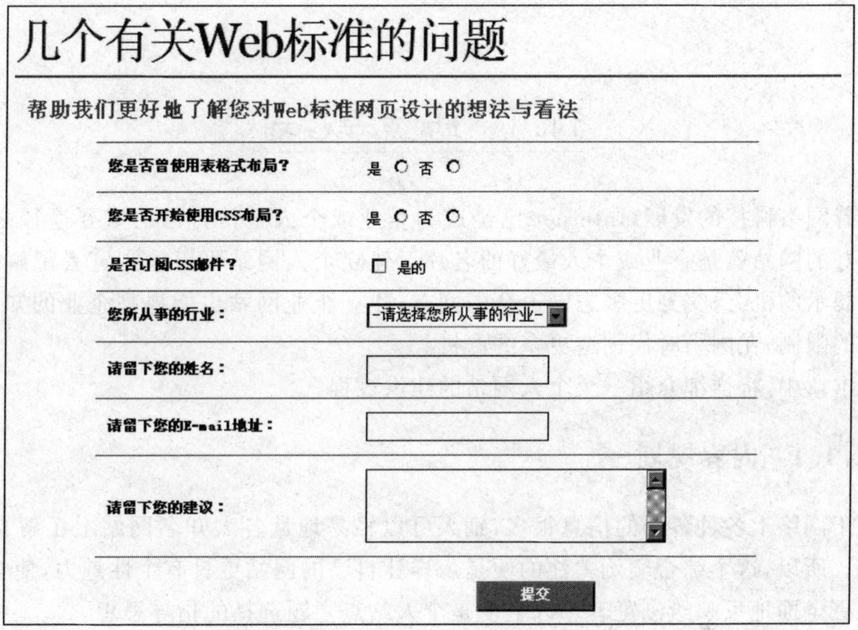

图 10-32　表单制作效果参考图

【实训 2】

为实训 1 完成的表单页面添加"状态栏文字"，并尝试添加"检查表单"行为来验证用户的输入。

第11章 个人网站综合实例

11.1 站点规划

随着网络科技的发展,Internet 已经成为企业或个人宣传自己的重要途径之一。拥有一个好的网站就是企业或个人最好的名片。建立个人网站可以让浏览者了解站长,提供个人展示的机会,交到更多志同道合的网友;建立企业网站也能提高企业的知名度,突破时空的限制,在网络时代创造更多的商机。

在本章中,将详细介绍一个个人网站的建设过程。

11.1.1 内容规划

由于网络上各种各样的信息很多,别人可以轻易地从各大知名网站上了解自己想要的信息。所以,这个综合实例关注的便是怎样让自己的网站更具有个性魅力,使个人擅长的信息更全面地反映给浏览者。以上便是个人站点主题选择的指导思想。

站点的主体内容由个人日常收藏与爱好组成,从电影、音乐和图书三大方面全方位展示个人丰富多彩的生活。在主要内容之外,还设有与站长交流的模块。

目标与典型用户:本网站以个人娱乐收藏方面的信息为主要内容,希望能够传播与交流相应内容,目标用户定义为有相同兴趣的上网用户。

网络技术约定如下。

(1) Windows 系列操作系统。

(2) 使用调制解调器或宽带方式上网(最低网络传输速率为 56 kb/s)。

(3) 使用 IE8 或以上版本的浏览器,分辨率为 1024 像素×768 像素以上。

(4) 运用的技术有 Div+CSS 布局、CSS 美化页面、Flash 动画等。

网站内容与风格:站点包括以下栏目。

(1) 首页:站点进入页面,栏目综合介绍。

(2) 电影:四部热门电影。

(3) 音乐:四张热门 CD。

(4) 图书:四本热门书籍。

(5) 相册:站长收藏的各种海报美图欣赏。

(6) 联系站长:与站长交流。

　　在设计风格方面,尽量采用"画廊式",力求能够表现出各栏目的最大特色,达到有效传达信息的目的。网站所有页面均采用灰色与红色的配色方案,展现网站活跃的气氛。网站主页采用静、动相结合的方式,即静态的图片和动态的 Flash 相结合。

　　网站的链接结构是指页面之间相互链接的拓扑结构。如果把每个页面比喻成一个固定点,那么链接就是两个固定点之间的连线。一个点可以和一个点连接,也可以和多个点连接。

　　本网站采用的是最常见的星状链接。所谓星状链接是指每个页面之间都建立链接。星状链接结构的优点是浏览方便,用户可以从当前页面跳转到网站内的任何页面中。网站结构如图 11-1 所示。

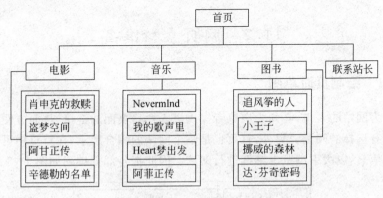

图 11-1　站点结构

11.1.2　定义本地站点

　　在 Dreamweaver 中使用"站点"菜单中的"新建"命令,新建一个本地站点。网站的目录结构是指建立网站时创建的目录。目录结构的好坏,对于网站本身的上传、维护、内容未来的扩充和移植有着重要的影响。站点目录结构如图 11-2 所示。

　　将文件分门别类地放在不同的文件夹下,本网站的目录结构如下:

images——用于保存图像素材;

pages——用于存放网页;

css——用于存放 CSS 样式文件;

flash——用于存放 Flash 动画;

图 11-2　站点目录结构

source——用于临时存放未处理的各种素材,在站点完成后无须上传此文件夹。

　　有了总体结构,还要进行基本素材的收集,比如文本、动画、图片、音乐、视频素材等,并将其保存到站点中的资源文件夹(source)中。

　　同时,需要注意的命名规则:

　　(1) 图片的命名原则:名称分为头尾两部分,用下画线隔开,头部分表示此图片的大类性质例如广告、标志、菜单、按钮等。

　　（2）放置在页面顶部的广告、装饰图案等长方形的图片取名为 banner。

　　（3）标志性的图片取名为 logo。

　　（4）在页面上位置不固定并且带有链接的小图片取名为 button。

　　（5）在页面上某一个位置连续出现，性质相同的链接栏目的图片取名为 menu。

　　（6）装饰用的照片取名为 pic。

　　（7）不带链接表示标题的图片取名为 title。

　　下面是几个范例：banner_music. gif、banner. gif、menu_music. gif、menu_movie. gif、title_news. gif、logo. gif、logo_bookl. gif。

11.2　网页素材准备

11.2.1　绘制页面草图

　　首页作为网站的入口，必须为浏览者提供进入栏目页面的链接，从而方便浏览者对相关内容进行有选择的阅读。另外，首页也是整个网站的综合展示，在首页中可以看到各个栏目的相关信息，以吸引浏览者继续进行阅读。因此把各部分排列如图 11-3 所示。

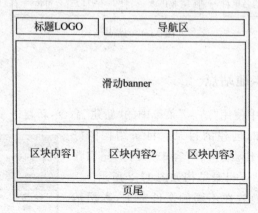

图 11-3　首页布局草图

　　网页的内容页是指用来放置站点主要内容的页面，是网站的子页面。在内容页也包括导航条、页面的内容链接、文章列表、文章信息和版权信息等。在这里采用横向布局，整个页面分为 4 大栏，如图 11-4 所示。

11.2.2　图像素材的准备

　　图像素材有些可以自己制作，例如使用 Fireworks 制作图片、Flash 制作动画等；有些可以通过其他途径获得，例如在网上下载，购买素材光盘等。

　　虽然在多数情况下，网页设计者不需要直接创作图像效果，但要使已有的图像适合网页制作，常常需要用图像处理软件进行加工处理。

图 11-4　内容页布局草图

首先需要将素材中同栏目中的图片素材,利用 Fireworks 修改到一致的大小比例,并根据需要,分别制作缩略图与大图两种效果,更方便进行排版,同时注意文件统一命名方式,如图 11-5 所示。

图 11-5　图片统一命名处理

11.2.3　导航条的制作

为方便访客浏览,导航菜单是每个网站必不可少的,一个漂亮精美且友好交互的导航条是每个站长所向往的。通过 CSS,能够把乏味的 HTML 菜单转换成漂亮的导航栏。

设计步骤如下:

(1) 为了整站风格保持统一,首页和内容页导航条的样式效果一致。

(2) 使用列表项目与 CSS 整合的效果制作横向导航条。

（3）制作 5 个频道，并为当前页面制作独立背景图效果，实现更友好的用户体验，如图 11-6 所示。

图 11-6　导航条及当前页特殊效果

（4）依次为每个按钮添加链接地址，这个步骤可保留至所有页面完成后再完成。

11.2.4　Flash 动画的制作

首页中央的大幅 Banner 采用了一个 Flash＋XML 的图片轮播插件，利用该插件可以快速方便地制作出炫目的图片切换效果。

制作步骤如下：

（1）确定 Flash 图片轮播素材的大小，由于该插件最终需要完美嵌入设计好的网页中，所以需要严格规范大小尺寸，在这里为 980 像素×364 像素，因此，需要先处理好几张大小一致、风格相近的图像素材。这里使用了 4 张图片，分别代表首页、电影、音乐和图书几种风格，如图 11-7 所示。

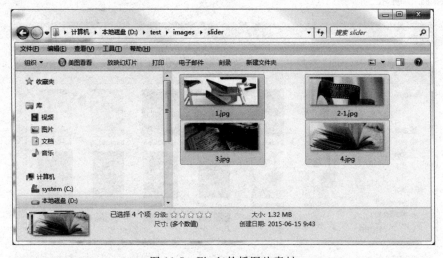

图 11-7　Flash 轮播图片素材

（2）将该插件所需要的 XML 文件、播放器 SWF 文件，以及需要的 CSS 和 JS 文件，分别移动到我们的站点中，并分门别类放在不同的目录中。

（3）在使用图片轮播的首页 index.html 中，添加如下代码，并指定外部 JS 的路径以及播放器的尺寸，这里为图片的大小，980px 宽度，364px 高度，如图 11-8 所示。

（4）修改 photo_list.xml 文件，指定每张图片路径及图片标题文字，如图 11-9 所示。

如此生成了 Flash 图片轮播 banner，可待首页切片导入后重新再导入至首页，预览如图 11-10 所示。该播放插件包含图片切换、播放与停止按钮，图片切换动画也十分炫目，通过插件代码的修改，还可指定图片切换的方向、角度及切割块数等参数。

插件所需JS文件

```
<script type="text/javascript" src="css/swfobject.js">
</script>
<script type="text/javascript">
    var flashvars = {};
    flashvars.xml_file = "photo_list.xml";
    var params = {};
    params.wmode = "transparent";
    var attributes = {};
    attributes.id = "slider";
    swfobject.embedSWF("flash_slider.swf",
"flash_grid_slider", "980", "346", "9.0.0", false,
flashvars, params, attributes);
</script>
```

Flash播放器宽度和高度

图 11-8　指定播放器大小及外部文件路径

轮播图片的路径　　　　　　图片标题文字

```
<photo>
    <filename>images/slider/1.jpg</filename>
    <description><![CDATA[<p class="subtitle">哎呀看世界</p>]]></description>
    <transition flow="in" direction="right" rotation="180"></transition>
</photo>

<photo>
    <filename>images/slider/2.jpg</filename>
    <description><![CDATA[<p class="subtitle">哎呀看电影</p>]]></description>
    <transition flow="in" direction="up" rotation="-180"></transition>
</photo>

<photo>
    <filename>images/slider/3.jpg</filename>
    <description><![CDATA[<p class="subtitle">哎呀听音乐</p>]]></description>
    <transition flow="out" direction="left" rotation="-180"></transition>
</photo>

<photo>
    <filename>images/slider/4.jpg</filename>
    <description><![CDATA[<p class="subtitle">哎呀看书吧</p>]]></description>
    <transition flow="out" direction="up" rotation="90"></transition>
</photo>
```

图 11-9　指定图片路径及标题文字

图 11-10　图片轮播预览效果

11.3　网页制作

11.3.1　首页与内容页布局

首页的制作是制作整个网站的关键环节,因为大多时候访问者都是通过首页进入到企业网站。首页的好坏直接影响到访问者是否会在该网站停留以及停留时间的长短。这样也将直接影响到网站宣传的效果。这里采用的是期刊杂志式的首页,在首页上有站点全部内容的目录索引,图文并茂,看上去就像是期刊杂志的封面。在首页中心区域还放置了 Flash 图片轮播 banner,既漂亮,又使网站的主要内容一目了然,是一种值得推荐的形式,如图 11-11 所示。

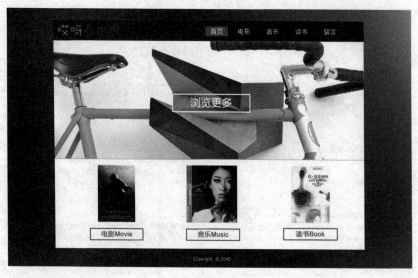

图 11-11　首页效果图

内容页的设计包括主体版面布局的确定、版面颜色和字体的选择、主题版面各模块的添加、图片和链接的设置等。

在本例中,内容页采用与首页风格一致的 LOGO、导航条及背景效果,同时在 banner 下方设计了一个缩略图画廊,介绍了热门的素材,包括插图与文字信息。整个页面主体内容包含在一个白色矩形中。最下方为页尾版权信息,如图 11-12 所示。

收集或制作好素材后,根据布局草图,使用图形制作软件 Fireworks 把它们装配起来,基本可以绘制出网页的效果。对不满意的地方可以进行修改,直到满意为止。效果图制作完成后,对其进行切片,以便在网页中使用,如图 11-13 所示。

11.3.2　内容页填充

将内容页效果图切片,LOGO 部分单独切片,用来做回到首页的链接。导航部分切完整一片,大小尺寸需要与事先做好的 Flash 导航一致。缩略图画廊单独切片,这部分的

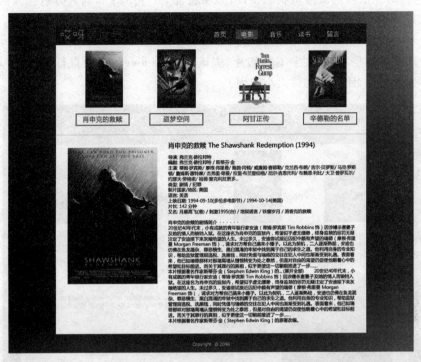

图 11-12 内容页效果图

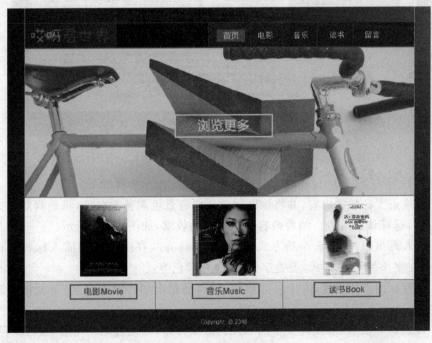

图 11-13 首页切片图

边框比较特殊,无法在网页编辑状态设计,必须通过 Fireworks 布局好方可插入网页。正文部分可以不用特别切片,因为此部分要变化多次,形成 12 幅不同效果,适合在 Dreamweaver 中重新排版。页脚版权信息单独切片,如图 11-14 所示。

要特别注意的是,大段文字不要切片,应该在 Dreamweaver 中自行输入,若切片,则会将文字变成图片,使网页文件大小徒增。

图 11-14   内容页切片效果

完成切片导入至网页中,开始为内容页添加内容,操作步骤如下:

(1) 删除正文区域的内容,并将该区域单元格背景色调整为白色,将垂直对齐方式修改为"顶端",这样该区域将会随着内容的长短自动收缩,如图 11-15 所示。

(2) 插入海报图片,将其浮动方式修改为"左对齐",在图片右侧插入标题及正文文字,为正文文字添加 CSS 样式,设置字体的大小、颜色等。

(3) 调整页面其他位置,由于页面篇幅过长,已超出切片时的高度,单元格背景色修改为白色。

(4) 将 CSS 导出至 css 文件夹下的 style.css 文件中,方便重用。完成编辑,保存页面。由于采用了 HTML5+CSS 的方式进行页面布局,在低版本的浏览器中可能会出现兼容性问题,推荐使用 Google Chrome 浏览器进行预览测试。按 F12 键预览,如图 11-16 所示。

图 11-15 删除正文图片

图 11-16 内容页预览效果

11.3.3　基于内容页制作模板

内容页分为上下两个部分,本网站有一组风格相同的 12 个网页,外观是一样的,只是具体内容不一样,因此可以使用 Dreamweaver 的"模板"来制作。使用模板来创建网站的好处是可快速建立具有统一风格的多个网页,提高网站设计与制作的效率。

首先制作一个"模板"文件,内容页套用这个"模板"文件。模板创作者在模板中涉及"固定的"页面布局,然后创作者在模板中创建可编辑的区域;如果创作者没有将某个区域定义为可编辑区域,那么模板用户就无法编辑该区域中的内容。使用模板,模板创作者控制哪些页面元素可以由模板用户进行编辑。模板创作者可以在文档中包括数种类型的模板区域。

模板最强大的用途之一在于一次更新多个页面。从模板创建的文档与该模板保持连接状态。可以修改模板并立即更新基于该模板的所有文档中的设计,从而提高工作效率。

建立模板的步骤如下:

(1) 选择"文件"菜单下的"新建"命令,新建一个模板页面,也可将已经编辑完成的 HTML 页面直接"另存为模板",弹出"另存模板"对话框,如图 11-17 所示。

(2) 选择当前站点,在"另存为"文本框中输入该模板的名称,这里输入为"content",表示内容页,模板文件会自动保存到站点目录下的 Templates 下的 content. dwt。

(3) 划分模板的锁定区域和可编辑区域。为了避免编辑时候误操作而导致模板中的元素变化,模板中的内容默认为不可编辑,只有把某个区域或者某段文本设置为可编辑状态之后,在由该模板创建的文档中才可以改变这个区域。

在这个模板中,标题导航部分及页尾部分是该类别网页的共同部分,因此为锁定区域,缩略图栏目和中间部分是每个网页的具体不同部分,创建为可编辑区域。先用鼠标选取区域(也就是每个页面不同内容的区域),接着运行"插入"→"模板"→"可编辑区域"命令,并且在弹出的对话框中为这个区域设定一个名称,这样就完成了编辑区域的设置,如图 11-18 所示。

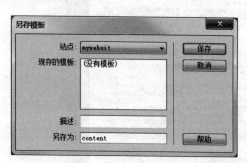

图 11-17　另存为模板

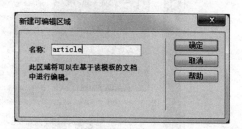

图 11-18　新建可编辑区域

(4) 重复上述过程,为模板添加栏目图片、缩略图和正文区域的可编辑区域,如图 11-19 所示。模板的编辑过程与普通网页相同。

至此一个完整的模板文件就制作完成了,下面就套用这个模板来制作具体的页面。

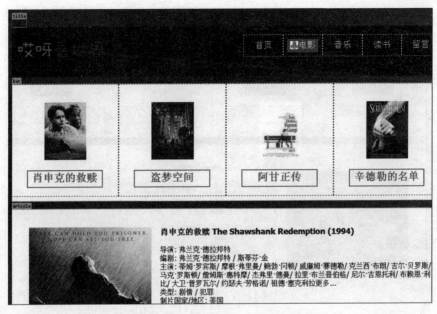

图 11-19　创建多个可编辑区域

11.3.4　利用模板制作其他页面

模板文件制作完成之后,只要在建立新的 HTML 文件的时候选择要套用的模板就可以很轻松地制作出外观统一的众多页面,而且,当今后修改模板文件的时候,软件会自动对使用了该模板的文件进行更新,大大提高了工作效率。

在制作首页的时候,可以创建几个空白文件来做栏目链接使用,现在只要对这几个文件进行适当的改动就可以生成网站需要的内容页。

(1) 打开网页,执行菜单栏上的"修改"→"模板"→"应用模板到页"命令,打开"选择模板"对话框,如图 11-20 所示。在"模板"列表框中选择 content。

图 11-20　选择模板

(2) 此时页面将变成模板文件的样子,其中在模板设定的可编辑区域内的文字和图片是可以修改的,而其他部分则无法修改。接下来,只要把相应的内容插入各自的可编辑区域即可完成页面的制作,如图 11-21 所示。

(3) 重复此操作,可以将其他内容页面也制作完成。

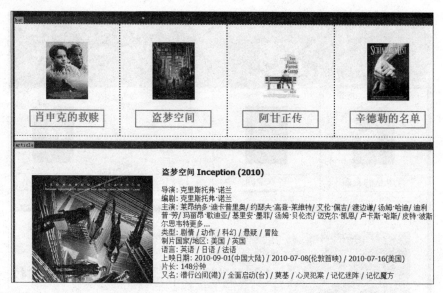

图 11-21　编辑内容页

（4）完成所有页面后，需要更新页面之间的超链接，确保链接无误。

11.4　测 试 发 布

1. 本地测试

制作好站点中所有的页面后，首先要对整个网站进行测试。测试最基本的方法就是在 Dreamweaver 中打开站点首页，然后按 F12 键预览页面，在浏览器中测试每一个页面，看内容是否能正确显示，尤其要测试超链接是否能正确工作。

确保整个站点能正确工作之后，为进一步测试超链接的正确性，可以使用以下方法：将整个站点目录复制到另外一个位置，然后在浏览器中打开站点首页，测试是否所有的超链接都能正确工作。使用这种方法能够检测出使用绝对路径创建出的不正确的超链接。如果碰上无法正确跳转的超链接，应回到原来的站点中，打开相应页面重新设置超链接。

为了确保不同的浏览者能够看到一致的页面效果，制作好的网站还应在不同的显示分辨率下进行测试。同时，要在几个主流浏览器的最新版本下做测试，例如 Internet Explorer 或 Google Chrome。另外，还需要在不同字体显示大小情况下进行测试（即在"大字体"和"小字体"两种方式下测试），以确保不同字体设置的浏览者能够看到一致的字体效果。

2. 申请域名空间

网页制作完成，就需要把它放到 Internet 上，让全世界的人都看到。

对于大型企业来说，可能会选择自架服务器或主机托管，对于中小型企业或个人网站，常常会选用虚拟主机。针对建站的个人爱好者，可以选择免费的个人空间。

申请的一般步骤为：

（1）首先取一个自己喜欢又容易记住的名字，不要与他人重复，即为账号。

（2）在申请页面上设定密码并填写一些关于自己和主页的资料，如姓名、身份证、E-mail、单位等。

（3）登录成功，服务器会发一封确认信。过一定时间，就会收到账号开通的邮件，这封邮件中包括 FTP 地址、FTP 账号和密码、免费域名等，这些需自行记录保管，这样已经成功地申请到了主页空间。

3. 上传与发布站点

主页空间也申请成功后，接下来最重要的就是上传网页，给 Internet 上用户浏览。上传网页的方法有很多种，比较常用的是 FTP 类的上传软件。

4. 站点的维护

网站建成后，要定期对站点进行维护。保持站点有效地运转是一项长期的工作。特别对于商业网站来讲，对维护工作的要求更严格。在此简要介绍一些站点维护过程中要注意的事项。

（1）保证服务的安全

网站的安全性是网站能够生存的一个必要条件。服务安全不仅要保护用户的数据不会被泄露，还要保证服务的有效性。用户能在任何时候得到必要的服务，而且服务的内容同网站的介绍是一致的。

（2）及时回复用户反馈

在企业的 Web 站点上，要认真回复用户的电子邮件和传统的联系方式如信件、电话垂询和传真，做到有问必答。最好将用户进行分类，如售前一般了解、售中和售后服务等，由相关部门处理，使网站访问者感受到企业的真实存在，产生信任感。

5. 站点更新

网页浏览者的随意性决定了网站要能够持久地吸引用户，必须要不断地更新内容，对用户保持足够的新鲜度。在内容上要突出时效性和权威性，并且要不断推出新的服务栏目，不能只是在原有的基础上增加和删减，必要时甚至要重新建设。

另外，要持续推广站点，保持公众的新鲜感。可以考虑如下建议：

- 在各大搜索引擎上登记自己的网站，让别人可以搜索到网站。
- 用 QQ、微信、微博等通信工具，把网站地址传给其他潜在访问者。
- 可以在 BBS 上作宣传，把网站地址写在签名里。
- 多和别的网站做友情链接。

本 章 实 训

根据本学期所学过的关于网页设计与制作的知识，并结合所学的网络知识，着手进行个人网站的规划、设计与制作。

实训要求：

（1）网站设计方案的确定，要求：

- 确定网站的主题。
- 在 Internet 上准备素材和创作网站。
- 确定访客群体的需求特点。
- 确定站点结构、配色方案。
- 确定网页的布局方案。

（2）设计网站首页及其他页面，使用 Fireworks 绘制首页和其他页面草图。

（3）制作网页主页：切割图片、制作动画、添加样式、录入文字。

（4）制作其他页，完善优化网站。

（5）写出实训报告和提交作品。

要求：提交实训报告的电子文档和打印文档，提交作品的电子版。